降りられない船

セウォル号沈没事故からみた韓国

ウ・ソックン［著］
古川綾子［訳］

CUON

降りられない船

――セウォル号沈没事故からみた韓国

はじめに

社会的な大事件が起きたときに、緊迫した状況のなかでこれまでに三冊、本を書いた。朝鮮半島大運河[1]が推進されたときに書いた『直線たちの大韓民国』、米韓FTAに関連した内容の『米韓FTAの暴走を止めよ』と『ｆｔａスプーン一杯』だ。結局、朝鮮半島大運河は白紙化されたが、四大河川整備事業[2]に転換された。FTAはそのまま進められた。だが、通商交渉権を外交部からもぎとるという事態が起きた。私はその一件を、社会的な事件のたびに本書をはじめとする言葉と文字、そして行動を起こした者たちが作りだした、小さな結論であると考える。

急いで本を書くというのは本当につらい。二〇一二年に出した『ｆｔａスプーン一杯』は、米韓FTA発効の後に剃髪までして書いた本で、その後の措置に関する内容を盛りこんである。あの時、二度と社会問題に関連する本を急いで書くことはしないと心に決めた。日常がめちゃくちゃになるのが問題なの

(1) 二〇〇七年の韓国大統領選挙で李明博が掲げた公約のひとつ。朝鮮半島の南北を貫く大運河を建設するという計画だったが、国民の反対が大きく事実上白紙化された。

(2) 大運河の代わりに二〇〇八年から二〇一二年に実施された漢江、洛東江、錦江、栄山江の四大河川を浚渫して、環境に配慮した堰を多数建設するなどした整備事業。

ではなく、書いているあいだずっと、重苦しく圧縮された時間を耐えなければならないのだが、そうした時間を耐えぬいて出た本は、時が経ってから眺めてみても、その重苦しさが消えていないからだ。

セウォル号の惨事が起きた。これに関する内容の本を書くようにという要請は多かった。近しい知人らが特にそうだった。普段から私が船に関する話をよくしてきたからだ。それでも書けそうになかった。今、妻は臨月に入った。二人目の子がもうすぐ産まれる予定だ。そんな個人的な理由を述べてみたが、書かないわけにはいかなかった。国政調査がどうなるか、聴聞会はどう進むか、輪郭はみえていたからだ。結論は決められている。明らかにされるべきことは明らかにされないだろうし、状況はむしろ悪化するだろう。韓国社会で起こった多くの事件がそうだった。人びとは事件を光速で忘れる。理由は明らかだ。そうしなければ、生身の人びとは生きていけないからだ。

だがおかしい。二〇一四年四月十六日に発生したセウォル号の惨事には、不可解なことが本当に多い。その最たるものが大統領の謝罪だった。船で起きた事故なのだから、船をどうするという話が出るのが当然だった。ところが船に関する話はひとつもなかった。本当におかしなことだった。それも事故が発生してずいぶん経った時点での対策を話しているのに、船についての話がなかった。そして政府の対策に船の話がないと述べる人も、やはりいなかった。だから本を書かなければならないと思った。遅いといえば遅く、早いといえば早い時期に。

遺族が最初にした要求は二つだった。真相究明と再発防止。ところがある瞬間、公的にも私的にも、再発防止が議論から消えてしまった。なぜ真相究明をするのか？　再発防止のためだ。だが再発防止が消えた瞬間、何のための真相究明なのか、道を失ったという気がした。

セウォル号を前に、多くの人びとが何であれやってみようと心を砕いてきたし、今もそうだ。私は何をしただろうか。二つほどある。ひとつは地方選挙を延期して、七・三〇補欠選挙と一緒に行うべきだと考えた。そこで周囲に、これについて議論をしてみようと頼んだ。多くの人がこれに共感した。だが、いうはやすく行うはかたし。どこで、誰が、どれだけ強くこの主張を現実のものにできるというのか。結局、公論にするプロセスまで行くことができなかった。もうひとつはセウォル号の犠牲者の葬儀を、市民葬で営もうという話だった。他の意図はなかった。個別に葬儀を営むのは、遺族にとってあまりにも悲しいという考えからだった。この程度のことは実現できそうだったが、当時感じたのは、遺族と市民社会の間をつないでくれる窓口がないということだった。市民団体の内部で議論がなかったわけではないが、すでに韓国社会における市民団体の力が、あまりにも弱まった状態だった。二つの事案はすべて、趣旨には共感するが実現できる能力がないということだけが確認された。

必ずしもこの二つの事案でなくとも、セウォル号をめぐってくり広げられるべきだった多くの社会的な議論がきちんとなされなかった。だから私は悲しく無気力だった。だがこのおかしなこと、誰も船の話をしない状況と向きあうことになった。私は自身の無気力さも嫌だったが、この奇異さに耐えていることができなかった。

短期間で資料を集めて分析しなければならなかったために、実に多くの人の世話になった。各種の行政手続きと珍島港の現場の状況に関することは、元恵《ウォンヘ》榮《ヨン》議員の世話になった。国家安全保障会議（NSC）の危機管理センターに象徴される大統領府の安全関連システムについての内容は、鄭東泳《チョンドンヨン》顧問の手を借りた。彼は統一部の長官時代に、NSCの常任委員長を兼任していた。当時、NSCの災難マニュアルシステムを作ったのも彼だった。

マスコミの力もたくさん借りた。京郷新聞とハンギョレ新聞は、自分のことのように具体的な状況を教えてくれたし、時事ＩＮとPressianにも助けてもらった。ＹＴＮのファン・ヘギョン記者には、本当に面倒と思われるほど頻繁に連絡して気になることを尋ねた。ＳＢＳ、ＫＢＳの記者とプロデューサーも、私に多くのことを教えてくれた。これまでの人生で、これほど短い時間に多くの人から助けられたことはなかった。彼らにありがとうという言葉を、今になって述べる。

ウンジン知識ハウスのキム・ボギョンさんとシン・ナレさんにも、感謝を贈る。急な原稿を急いで本にしなければならなかった。キム・ボギョンさんは出版業界で働いている人のなかで、最も古くから親交のある編集者だ。酒ばかり飲んで遊んでいた私に、もっと文章を書いて、本も書いてみろといった人だ。だから私が著者になった。出版は二番目になったが、最初に書いた単行本『まな板の上に上がった食膳』を企画したのもキム・ボギョンさんだった。二〇〇八年、本当に大急ぎで書いた『直線たちの大韓民国』もともに作った。セウォル号の問題を、私は本当に解き明かしたかった。だから最も古くからのパートナーに頼んだ。

セウォル号の惨事が起きる前に、全羅南道《チョンラナムド》新安郡《シナン》の朴禹良《パクウリャン》郡守（村長）とほぼ半日にわたって話す機会があった。彼に多くを学んだ。新安郡は韓国で唯一、バスを完全に公営化している所だ。新安郡だから可能だというのが大方の見解だったが、彼と話をしながら新安郡でもできたことが、他でなぜできないのかと考えるようになった。船に関しても同じことだ。新安郡がバスの運営を公営化した程度のことは船でもできる。現実にその可能性を見せてくれた朴禹良郡守に、この場を借りて今一度感謝したい。

執筆期間中に、以前から予定されていた福岡旅行に行ってきた。セウォル号という船は韓国に売られる前、鹿児島と沖縄の間で運航されていた。その鹿児島がまさにすぐ近くだったのだが、実際に行ってみることはできなかった。だが今も思い出される。鹿児島の船がどうやって仁川に来ることになったのか。

釜山港から博多港までは高速船で三時間の距離だ。その船は安全だと知っている。福岡タワーで、はるか彼方にある韓国の方角を眺めながら仁川港と博多港のちがいを考えたら、しばし涙が出た。私たちがそのちがいを知るのに多大な人命が犠牲になった。ふりかえってみると執筆期間中は、本当によく泣いた。「ガチョウの夢」という歌を聞いたときに一番泣いた。庭に座って一時間以上泣いたと思う。最後のページを書き終えたときも号泣した。コーヒーカップに涙がぽろぽろ落ちた。泣くまいとしても涙がたくさん出た。結論に該当する原稿を目前に控え、珍島へ向かった。昨年の九月に西望《ソマン》港と珍島港へ行ったのだが、たった数カ月後にこんなことで再訪することになるとは、あのときは知る由もなかった。

今の大韓民国で泣かない人がいるだろうか。だが、泣いたからといって問題が解決するのだろうか。韓国でセウォル号に関連した船の話をしない現在、私はこの本で読者の皆さまとともに「降りられない船」についての話をしてみようと思う。私は本当にたくさんの船に乗ってきた。イカ釣り船にも乗ったし、海洋警察の巡視船にも乗った。非常に小さな船にも乗った。船を作って修理するドックにも何度か行ったことがある。これほど船に乗ることを怖がらない私も、済州へ行く清海鎮《チョンヘジョン》海運のセウォル号とオハマナ号は恐ろしくて乗れなかった。とても家族を連れて乗る気にはなれなかった。危険だということを知っていたのだ。あのとき話すべきだった。あの「降りられない船」についての話を、もっと早くするべきだった。恥ずかしながら、今からでもその話をしようと思う。私たちすべての未来のために、私たちは今から船の話をしなければならない。

【目次】

第二章　ガチョウの夢……53

第三章　幽霊船が漂泊する国……89

第四章　花のような魂たちへ捧げたい未来……135

1　二〇一四年四月十六日に発生したセウォル号の沈没事故は「四・一六惨事の真実究明と安全な社会建設等のための特別法制定の立法請願書」にある内容を反映して「セウォル号の惨事」と表記します。

2　彭木《ペンモク》港は公式な地名と確認されていないため、珍島港と表記します。

（著者）

プロローグ

しかし、自分一人が幸福になるということは、恥ずべきことかもしれないんです

四月十六日の朝、医師ベルナール・リウーは、診療室から出かけようとして、階段口のまんなかで一匹の死んだ鼠につまずいた。（……）同じ日の夕方、ベルナール・リウーは、アパートの玄関に立って、自分のところへ上がって行く前に部屋の鍵を捜していたが、そのとき、廊下の暗い奥から、足もとのよろよろして、毛のぬれた、大きな鼠が現れるのを見た。鼠は立ち止まり、ちょっと体の平均をとろうとする様子だったが、急に医師のほうへ駆け出し、また立ち止まり、小さなきき声をたてながらきりきり舞いをし、最後に半ば開いた唇から血を吐いて倒れた。医師はいっときその姿をながめて自分の部屋へ上った。

（カミュ『ペスト』宮崎嶺雄訳　新潮文庫十一―十二）

このとんでもない偶然に、カミュの『ペスト』を手に取った私の全身に鳥肌が立った。平穏だった町に大きな災いの到来を告げる事件は、一匹の死んだ鼠の出現から始まる。事件の中心で解決にあたると同時に、事件の記録者でもあった医師ベルナール・リウーの目に死んだ鼠が留まったのは、四月十六日。韓国でセウォル号が沈没した、まさにその日でもある。これはまったくの偶然だ。だが、ただならぬ感じがするのは当然だろう。これはまた何という不快な偶然なのか。

カミュの『ペスト』を初めて読んだのは大学生のときだった。その頃の私は、この本をとてもつまらなく退屈だと思いながら読んだ。もっともその当時は、他の本も退屈で面白くないのは同じだった。そのなかでも特にこの本はページが進まなかった。それは頭では『ペスト』を読まなければと強く思っているのだが、心に内容がさっぱり伝わってこない本だったからだ。その種の出来事を経験したことのない社会で、伝染病によって町中が破壊される内容の小説を、どれほどの共感をもって読めるというのだ。

『ペスト』を読み返したのは、セウォル号の惨事の直後だった。韓国社会のどまんなかを貫くこの事件に対して、何か役に立ちそうな本はないかと悩んでいた私は『ペスト』を思い浮かべた。もちろんこの本は小説だ。実話ではない。それでもある手がかりを与えてくれそうだった。何よりも数十年前の物語、それも私たちとは特に関係のない、北アフリカの植民地から生まれた国アルジェリアの話が、一種の「距離を置く」ことを可能にするからだった。

セウォル号の前で私たちが経験している感情のうねりが激しすぎて、どんな話をどうすべきか、それさえもむずかしい。そこで小説『ペスト』を思考の出発点としてみることにした。この小説がアルジェリアの首都アルジェではなく、アルジェから四時間以上も離れたオランという町を背景にしているという点も大きい。距離を置くというのは残忍なことでもある。だが、セウォル号という悲しくも重大な事件に臨むためには、一定の距離を置くことが必要な気がした。

＊

小説は医師のリウーと記者のランベール、そして老いた吏員のグランらを中心に展開される。彼らは政府の力だけではどうすることもできない状況を克服するため、一種の市民ボランティア「保健隊」を組織して動く人びとだ。この小説は、六人の登場人物をオランという町でくり広げられる特殊な状況に押しこめ、彼らの過去と現在を見せていく。私たち現代人には、作家のカミュがそのなかの一人を選べと強要しているように読めるかもしれない。

幸か不幸か、小説に悪人は登場しない。「一人で囚人になるよりは、皆と閉鎖されているほうがいい」と言い放つコタールも理解できる。過去に犯したある罪のせいで逃亡中のコタールは、ペストによって自身への追撃が一時的に中断されている状況のなかで、むしろ周囲の人間と気楽に会う。そればかりでなく、保健隊でもより活発に活動できるようになった。犯罪者として登場する彼も、ここでは悪人ではないのだ。『ペスト』は稀に見る、悪人が出てこない小説だ。コタールのように不都合な人、不都合な姿が登場する程度だ。この小説はいい人と悪い人の対立の代わりに、絶対的な強者のペストと、その前で人として自身にできることを努力する人びとの対決を描いている。

『ペスト』は、オランという町の特色を説明しながら軽快な始まりを見せるが、医師リウーが一匹の鼠の死を目撃することで、災いのシチュエーションへと急変する。鼠から人に移ったペストはあっというまに広まり、ついにオランは本国フランス政府の命令により閉鎖されてしまう。そして病院の医師であるリウーから市の吏員であるグラン、ホテルに滞在中の旅行者だったタルーまで、それぞれの方法でペストとの戦いを始める。

この小説を読んだ人がもっとも興味をもつ登場人物は、記者のランベールとパヌルー神父だ。パヌルー神父はオランを覆いつくしたペストを「神が下した罰」だと説教する。罪悪を犯す人間にとって、災いは当然だというのが彼の立場といえる。だが彼も、結局は人手不足の保健隊に参加し、のちにはペストに感染して死んでしまう。司祭が神の下した刑罰に反対して人間をペストから守ることは正しいのか、そうした矛盾を胸いっぱい抱えたまま、彼は死を迎える。

また別の主人公ランベール、彼は大して重要にも見えない取材のため、パリからオランまでやって来て足止めを食らった記者だ。ほとんどの人がそうであるように、彼は封鎖されたオランから出るために手をつくす。最初は記者という身分を利用して合法的な手続きを踏もうとするが、思ったようにいかなくなると、密売人を通して出ようとする。オランで特にやることもなく、良心の呵責を軽くするために、彼は保健隊での活動を受け入れる。だが「闇ルート」で町を出られるチャンスが来たにもかかわらず、彼は自身もこの町の人間であると、ペストがクライマックスへ向かっている町、オランに残る。

私たちがよくいうヒューマニストとは、ランベールのような人に送る特権みたいなものだ。フランスの哲学者ジャン＝ポール・サルトルとカミュは、友情・葛藤・嫉妬が入り混じった複雑な関係だったが、長年の友人だった。彼は交通事故で即死したカミュへの追悼文で、カミュを「ヒューマニスト」と呼んだ。これを人びとは、自身に絶交を宣言して久しい友人であり後輩への、最高の追悼文と評価した。

とにもかくにもペストの勢いは最高潮に達し、保健隊の重要な主軸であったパヌルー神父とタルーが死ぬ。医療の総責任者だったリシャールも例外ではなかった。だが作家カミュは、町を抜け出せたにもかかわらず保健隊の活動のため残ったランベールに、町が開かれるやいなや、城壁の外で彼を待っていた妻との熱い抱擁を許容する。感激と幸福の中心に、記者ランベールの席を設けてやったのだ。町を出るべき理由がはっきりしていた一時的な住民、それも植民地を統治するフランスのパリに安定した職場を持つ記者のランベールが、ここに残ることにした決断に、多くの読者が彼はヒューマニストだと心からの拍手を送る。

おそらく、セウォル号で記者のランベールに似た人物を挙げるなら、皆が女性乗務員のパク・チヨンさんを思い浮かべるだろう。彼女は「出られるのに出なかった」人だからだ。

「やっぱり」と、ランベールはリウーにいった。「僕は行きません。あなたがたと一緒に残ろうと思います」。(……)ランベールがいうには、彼はあれからまた考えてみたし、今も依然として自分の信じていたとおりに信じているが、しかしもし自分が発って行ったら、きっと恥ずかしい気がするだろう。そんな気持ちがあっては、向こうに残して来た彼女を愛するのにも邪魔になるに違いないのだ。(……)「そうなんです」と、ランベールはいった。「しかし、自分一人が幸福になるということは、恥ずべきことかもしれないんです」。

（カミュ『ペスト』訳：宮崎嶺雄　新潮文庫三〇六―三〇七）

生徒たちへ自分の分になるかもしれなかった救命胴衣を譲り、傾きゆく船に残ったパク・チヨンさん。彼女は戻って来られなかった。しかも、彼女は非正規の乗務員だった。与えられた役割も、こうした救助案内とは関係がなかった。この人たちを私たちはヒューマニストと呼ぶ。

「ヒューマン」という修飾語は、普通テレビや映画では静かな感動を与えるという意味で使われる。感動的な話にヒューマンドラマと名づけ、ある人の人生を静かに追いかけるジャンルの作品をヒューマンドキュメンタリーと呼ぶ。だがこの場合の「ヒューマン」、つまり人間的という言葉と、カミュが考える「ヒューマン」は異なる。取材でつかの間立ち寄った町に巨大な伝染病が発生、足止めを食らっている間にボランティア活動をして、その活動のために残ると決心する。ほとんどの人間は、そうした状況を経験することはない。フリーの従軍記者でも稀にあるかどうかだろう。

パク・チヨンさんもそうだ。最後まで沈没の現場に残るのか、それとも、この程度ならやれるだけのことはやったと出て行くのか。パク・チヨンさんのような選択をすることになるケースはめったにない。もちろん私たちは、生きていくなかで多くの選択をする。だがその選択は、一日に数えきれないほど行われる、単純で習慣的、日常的な形態だ。その選択が自身ではなく、他人の命を救うことに関係している場合は多くない。

そのうち、ふと自身が奇跡のように死を免れたという事実に気づくときがある。そんなとき私たちは、自らの存在を新たに悟る。死の前に立った存在なのだという自覚、それを実存と呼ぶ。そういう瞬間が来ると、生に二次的なものとしてぶら下がっている装飾品は意味がない。もちろん、死から自身を守る装置をより多く持った人間もいるだろうし、ある者の葬式には、より高額の金が支払われることもあるだろう。無一文で死と出会い、葬式はおろか、その死が誰にも認知すらされないケースもあるだろう。だが猶予されようがされまいが、誰にとっても死は大体において公平だ。

電文にはこうしるされていた――「ペストチクタルコトヲセンゲンシ　シヲヘイサセヨ」。この瞬間から、ペストはわれわれすべての者の事件となったということができる。

（カミュ『ペスト』訳：宮崎嶺雄　新潮文庫九十五―九十六）

小説でパリの公務員は、植民地の町のひとつであるオランに町を閉鎖せよと命令を下す。

ついていないことにそのなかにいた人びとは、フランス国民だろうがなかろうが公平に、そして例外なく断絶される。病にかかっているかは関係なく、町の外に一歩も出られない状況。死の前で待つ存在という状況に追い立てられたわけだ。人びとは国籍や宗教に関係なく、その上、政治志向とも関係なく、パリから来た一枚の電文によってそのなかに閉じこめられた。今までとは異なる自身の内面と存在に対する質問の前に、望むと望まざるとにかかわらず投げこまれたのだ。ペストはどの力よりも公平に、すべてを特定の状況のなかへ追い立てる。

小説で歩哨たちが守っている町の出口はものものしい。誰も出ることはできない。もちろん、酒と生活用品の不法な秘密の取引はこっそり行われる。人が住むところ、そういうものまでなくすことはできない。また、記者のランベールが町から出られる密売屋と取引をしたように、例外として出て行った者もいただろう。セウォル号はどうだったか。セウォル号の状況は歩哨たちに徹頭徹尾、厳重に守られている町に等しい。誰かに裏金をやって人知れず出てくることはもちろん、どんな闇取引も存在できない状況だ。生きては出られなかった、今や海底のセウォル号。これはどれほど残酷な閉鎖であろうか。

『ペスト』では季節が三回変わり、冬が終わる頃に伝染病の勢いが和らぎはじめる。鼠がオランに戻り、鼠とともに姿を消していた猫も再びやってくる。多くの市民が命を奪われ、町の内外に予期せぬ別れをもたらしたペストの勢いが徐々に衰えはじめると、人びとの歓喜のなか、町の門はついに開かれる。この容赦なく厳しい事件でカミュは「人間に対する愛情」つまり、ヒューマニズムを知ったと、この事件の語り手ベルナール・リウーの口を借りて述べている。

＊

一方で、セウォル号のドアは開かれなかった。船体の後部が増築されたため、本来は左右をつないでいた船体後尾の甲板は、新設されたサンドイッチパネルの壁で最初から塞がれていた。残りの非常口も施錠したまま運航する習慣のため、開けることができなかった。船体が完全に傾いてからは、セウォル号のドアは開かなかった。すでに海水が入りこんで傾いた船体から海に飛び込み、水面下へ泳いで出ていった数人だけが最後に生きて戻った。

私たちは自身や子ども、知人があの船に乗っていなかったことに安堵できるだろうか。そう問わずにはいられない事件を迎えた。二〇一四年の韓国では、うんざりするペストを九カ月も耐え抜いたオランの市民が迎えた、その輝かしくも喜ばしい瞬間を感じることはできなかった。小説では「ペストとの戦い」というメタファーが可能だった。だが、私たちが今ぶつかっているこの事件では、そういったメタファーは不可能だ。敗北だけがあり、勝利は存在できないからだ。災いには悲しみもあるが、喜びもともにある。しかし、セウォル号から生還した人びとも、彼らの保護者も、数名の生徒の遺体を収容するのに成功したダイバーも、誰も喜べなかった。そして単に、あの船に乗らなかったという理由で生き残り、現在のどこか物足りない日常を続けている私たちも同様だ。

こうして見ると、セウォル号の乗船者数そのものは重要でない。二万、三万、いや二十万、三十万、そういう数字で世の中を計ることに私たちは慣れすぎたり、無感覚になったりしているのではないか。では約三百人の命が戻って来られなかったことが、どうしてこれほどひどいことなのか。私たちがたまたま経験することになる、たくさんの災難や災いの一つではないか。そう考える人もいるだろう。

だがこの事件を見つめる人びとの精神は、海底に沈んだセウォル号の暗くて深い船室をさまよっている。自分が乗っていようがいまいが、自分と関係のある人が乗っていようがいまいが……。

人として人を愛するという最低限の徳目を持った人間の精神は、すでにセウォル号に乗っているのだ。見ることのできない船、感じることもない船、その船室でさまよっていると感じられれば、私たちは確かに存在しているということができる。経済と金、そして物質による法則で定められた日常は、セウォル号と何の関連もない。ただヒューマニズムのなかである人は浅く、ある人は深く、セウォル号の船室にいるようになったのだ。

「じっとしているように」

傾いて海に浸かった船室で、自らの運命をまだ楽観的に考えていた高校生を含む、乗客に下された館内放送だった。それは宗教と政治、または文化や経済の中枢を貫く、それこそ実存に対する命令だった。そしてその命令は、大体において守られた。閉まっていた非常口は開かなかったし、簡単な金槌一つでも壊れる客室の窓も壊されなかった。彼らは船から出ることができなかった。

小説『ペスト』から、この慌ただしい事件の最初の出口をつかんでみようと思った理由は、前にも書いたとおり、この事件を理解するために必要な最低限の距離を保つことも簡単ではなかったからだ。だから最低限のメタファーだけでもきちんとつかみ、このセウォル号の惨事の正体が何なのか、私たちの状況が今どこにあるのかを明らかにしようとするものだ。もう一度『ペスト』のメタファーで、今の私たちの状況を考えてみよう。『ペスト』は次のような段階で進行する。

1　死んだ鼠の出現でペスト発病の可能性を暗示。だが当局とマスコミは認識していない

2　公式にペスト発病を発表、町を閉鎖
3　市当局の力だけではペストを制御しきれず、市民が自発的に保健隊を構成
4　これ以上ペストが大きく広がることはないが、旅行者のタルー、パヌルー神父、老いた吏員のグランらがペストで倒れ、状況はクライマックスへと向かう
5　公式にペスト終了宣言が出され、町の通行が再開

このように分類された五段階は、一般的な事件の展開と大してちがわない。事件の前兆が見えかけ、公式に事件が認知され、何らかの形で解決する。では、セウォル号とともに直面した問題で私たちはどの段階に来ているのか？　市民らが保健隊を構成した段階も過ぎ、これ以上はペストが広がらない、一定に制御されている段階？　それともこの問題を克服し、公式に町が解放される段階？　もしそうだとしたら、人びとの心のなかで徐々にセウォル号は忘れられ、悪夢のようだった痕跡も時間の流れとともに癒されるだろう。だがセウォル号そのものが、より大きな事件の前兆だとしたら？　もしくは問題がまったく解決されておらず、また別の事態が潜伏しているとしたら？

これは各自が判断する部分だ。まだ誰もこの全体を見渡せるほど、何より現在進行中の事件を回顧できるほどすべてを知っている段階ではないからだ。

市《まち》の門は、二月のある晴れた朝の明けがた、市民に、新聞に、ラジオに、そして県庁の公示に祝されて、ついに開いた。

（カミュ『ペスト』訳：宮崎嶺雄　新潮文庫　四三四）

にもかかわらず、少なくともオラン市の結末、歓声のなかで町の門が開かれた、そんな状況とは程遠いことは明白だ。

第一章

大韓民国という船、誰がオールを漕いでいるのか

これは韓国資本主義の現在の属性に関する話だ。
韓国経済がこの十年のあいだに作りだした
ガレー船のオールを漕ぐ人びとに関する話だ。
では、韓国でははたして誰がオールを漕いでいるのか。

1　俺たちは幽霊船に乗ったのさ

「五十ボルト用のヒューズに三十ボルト用のヒューズを納品したバカが誰か、俺に分かるか？　戦争へ行く前に俺はこんなことと戦わなきゃならないんだ」

（映画『K－19』（二〇〇二年ハリウッド映画。ソ連のK19潜水艦事故を題材にした）より）

いわゆるキューバ危機と呼ばれる、アメリカとソ連が核戦争直前の一触即発の状態になったのは一九六二年だった。人類にとって幸か不幸か分からないが、とにかく当時は、それまでと少しちがう傾向の指導者たちがアメリカとソ連の国政を担っていた。アメリカの大統領ケネディは明らかに、共和党のアイゼンハワーはもちろん、その前の大統領だった民主党のトルーマンともかなりちがっていた。もしかするとケネディのような大統領は、アメリカの歴史上でケネディだけかもしれない。結局、彼は暗殺された。そして相手方、ソ連のフルシチョフもやはりケネディに引けを取らない、ソ連の歴史では独特な人物だった。彼はスターリン批判によってトップに上りつめとても急進的に、そして開放的に事態を処理した。フルシチョフは暗殺こそされなかったが、休暇中に召集された臨時の中央委員会総会で失脚した。いずれにしてもこの独特な指導者たちの任期中、人類は核戦争の危機にもっとも近づいたが、これを劇的に切り抜けた。

こうした状況のなか、まだ実力が検証されていなかった原子力潜水艦K-19に対するソ連の期待は絶対的なものだった。この潜水艦は、アメリカ本土を狙った初の大陸間弾道ミサイルが発射できる決定的な戦略兵器だった。だがこの潜水艦をめぐるソ連の状況は良くなかった。ソ連の内部は腐敗していた。潜水艦の建造時には多くの人命が犠牲になり、ウィドウ・メーカー（未亡人製造機）というあだ名がつけられるほどだった。進水式の洗礼で艦首にぶつけられたシャンパンの瓶は割れず、多くの人がこれを「不吉」だと考えた。北海でミサイル発射テストを終えたK-19は、ソ連当局の熱狂的な祝賀ムードにもかかわらず、原子炉の冷却装置に故障が発生して危機に陥る。不運は重なるもので、経験豊富なK-19の原子炉担当官は飲酒事件で出航前に左遷されており、代わりに士官学校を卒業したばかりの新人将校が配置されていた。潜水艦内の水兵たちに恐怖が広がりはじめる。映画で、元は艦長だった副官役のリーアム・ニーソンは言う。

「俺たちは幽霊船に乗ったのさ」

ソ連初となる長距離弾道ミサイル発射の極秘テストだったため、付近の艦船に救助を要請することもできなかった。ソ連の潜水艦に救助してもらうには距離が遠すぎた。宇宙飛行士のユーリイ・ガガーリンを先に宇宙へ送ることで、アメリカを追い抜いたと考えていたソ連は、技術力の危機に陥ったのだ。進退きわまった状態だった。

座礁させることも逃げることもできない状況で、艦長はついに決断を下す。対策班の若い水兵たちは原子炉のなかに入り、過熱した原子炉を冷やす冷却管の溶接を始める。彼らに支給されたのは放射能の防護服ではなく化学専用の防護服、それこそレインコートのような代物だった。また、最先端を誇るソ連の原子力潜水艦へまともに補給されていた品物といったら、放射能の被害を抑えるという理由で水兵だけに提供されていたワインのみだった。

このK-19の話は映画化された。劇中でハリソン・フォード演じるK-19の艦長は結局、北海のまんなかで立ち往生する放射能まみれの潜水艦から避難するよう、乗組員に命令を下す。そして自身は艦長の制服を着て、最後にK-19を爆破させる準備をする。このとき緊急の救助信号をキャッチしたソ連の原子力潜水艦が到着して、事態は収束する。

人類にとっては非常にラッキーな結末だったかもしれないが、K-19の乗務員には完璧に不幸な結論だった。無能、命令不服従などの理由から、艦長は二度と潜水艦の艦長に復帰することはできなかった。原子炉の修理に入った水兵は、長さこそ若干のちがいはあれ、全員が放射線被ばくにより死亡した。彼らは戦争中に死んだのではないという理由で、国家から最低限の勲章ももらえなかった。極秘の核ミサイル発射訓練を隠さなければならなかったため、乗務員はその後も英雄の称号を得られなかったのはもちろん、秘密を抱えて生きねばならなかった。

共産主義体制を代表する旧ソ連で、それほど重要な戦略ミサイル原子力潜水艦に不良部品が使われ、進水もしないうちから「ウィドウ・メーカー」と呼ばれ、乗務員自らが「幽霊船」と呼んだK-19。この実話は共産主義がどれほど非効率的で、腐敗した体制だったかを示すものでもある。

では、セウォル号の惨事はどうして起こったのか？　K-19のあきれた事件が共産主義という経済が腐敗して発生したように、セウォル号は資本主義経済が問題なのか？　それとも市場経済が？　新自由主義が？　だから起きたのか？　そう言うのは無理がある。セウォル号とほぼ同様の船で似たような問題が発生したとき、日本はほぼすべての人命を救った。

では、私たちが日本よりレベルの低い国だからなのか？　そう理解することもできる。セウォル号の惨事が起きる直前、マレーシアの首都クアラルンプールから北京に向かっていたマレーシア航空機が消息を絶った。事故機MH三七〇便はアシアナが運用しているボーイング七七七―二〇〇型で、世界で三番目に大きな旅客機だ。この民間機がレーダー網から丸ごと消えるという前代未聞の事件を解析する、もっとも手っ取り早い方法は何だろうか。それは「マレーシア航空だから」だ。

実際に私たちは事件の原因を知らない。テロかもしれないし、航空機の構造に欠陥があったのかもしれない。または国籍などとまったく関係のない、機長の偶然かつ個人的なミスのせいだったかもしれない。にもかかわらず多くの人がマレーシア航空機の失踪事件を、開発途上国で起こる構造的な惨状ていどに理解して通り過ぎてゆく。「マレーシア航空機は危険だな」こうメモして日常に戻る。そしてマレーシアへ行く中国人旅行客が減ったというニュースに「当たり前だ。誰があんな危険な国へ行くのか」と思う。

マレーシアとしては非常に悔しいことだ。ここで、北太平洋沿岸に位置する多くの国家のなかで、マレーシアが腐敗のない官僚システムと効率的な経済を運用してきた国家であるという事実、それゆえ長期にわたる独裁で荒廃していったフィリピンと比較される国家だったという事実を覚えている者はいない。首都クアラルンプールにサムスンが作ったツインタワーに関する、やかましい記事（ツインタワー一をハザマが建設し、二をサムスンが建設した。二が傾いているという噂がある）を思い出す人がどれほどいるだろう？　この事件で私たちは、マレーシアが発展途上の低開発国だという印象を強くもったにすぎない。一方で韓国がＯＥＣＤ国家のなかでそれなりに堅実な経済の規模を維持している国家であることを思い出すことになっただろう。

だがセウォル号の惨事が起きた。セウォル号はマレーシア航空機の失踪事件より、ソ連のK-19原子力潜水艦に近い。幸いなことに原子力潜水艦は座礁もせず、乗務員はソ連に戻った。だが国家は彼らを記憶せず、彼らの存在は消された。結局彼らは「幽霊船」と呼んだその船から、永遠に降りられなかったわけだ。放射能漏れを直すために原子炉へ入っていった人の一部は潜水艦のなかで死に、一部は降りてから死んだ。そして他の人びともやはり、ゆっくりと死んでいった。いったんK-19という幽霊船に乗った人びとは、以前の日常に戻っていくことはできなかった。

長いこと死を追い立ててくる船を幽霊船という。戻らない船、セウォル号は幽霊船になった。四月十六日から、私たちのほとんどは「セウォル号」という幽霊船に乗っている。率直に言うと、三~四名のダイバーを乗せたヘリコプターを緊急に珍島へ飛ばせる権力や財力を持っていない平凡な人間が選べる唯一の方法は、あの船に乗らないこと以外ない。

もちろんセウォル号のような事故が起きたからといって、すべてが死んだわけではない。だが「じっとしているように」という船内放送を聞いたにもかかわらず、不吉な予感を信じて、不法に改造され迷路になってしまった通路をかきわけて海に飛びこむ、そんな迅速で個人的な判断を誰ができるだろうか。または、普段から子どもに「お前だけのための安全教育」をできる親がいるだろうか。「実際に問題が起きたら、信じられるのは自分しかいない。だから誰の言葉も聞くな、特に制服を着た人たちの放送は」。こんな話をする親がどれほどいて、それがはたして効果的で正しい方法であるというのか。

ならば私たちが「できること」は、いつ幽霊船になるか分からない船に最初から乗らない選択しかない。だがその選択もまた極めて個人的で、主観的な判断を下すときにのみ可能なものだ。だから私たちは実際のところ「選択と判断」ができない状態なのだ。

セウォル号の問題はいつか終了するだろう。誰かは必死にこの事件を葬ろうとするだろうし、また別の人は葬るまいとするだろう。だがすべては時の流れに葬られ、徐々に忘れられる。悲劇的な事件であればあるほど、生憎と韓国ではさらに速く忘れられる。ごく単純に二〇〇二年のW杯での四強進出と比べてみよう。その後も決して軽いとは言えない事件が起きたが、人びとの脳裏に強く残っているのは喜びの記憶であるW杯だ。

だからまたしても、韓国には幽霊船がさまようことになるのだ。そしてセウォル号の惨事の後に私たちが直感で悟ったことは、セウォル号に乗っていたか否かが問題なのではなく、私たちの日常がすでにセウォル号になってしまったということだ。「移住するしかないのか」という声が多くの人からすぐに出てくるのは、こうした直感的な状況を反映している。大韓民国というシステムのなかで生きていく私たちすべての日常、そのなかから抜けだすことのできる人間はさほど多くない。今回はうまく良い判断をして確率を減らしたとしても、その確率がいつも続くだろうという保障はない。私たちは今、幽霊船に変わってしまった大韓民国という船に乗っているのだ。

2　最初から乗らないというのは不可能だったのか

セウォル号のニュースに接したのは、ほとんどの人と同じようにマスコミを通してだった。運転中は習慣のようにつけておくラジオで私が最初に聞いたのは、救助された人たちが随所に分散して収容されたため、人数の集計がうまくいっていないというニュースだった。私はそのニュースを聞きながら、残念ながら死者は出るが、ほとんどは救助されるだろうと考えた。そして次の日になってようやく、その全貌を知ることができた。

全貌を知ることになった瞬間から、私は深い罪悪感にさいなまれた。その罪悪感には極めて個人的な理由もあった。その船の危険を知らせるきっかけが何度かあったからだ。私自身、船について膨大な知識があるわけではない。だが経済を研究しながら、航海士に関心を持たずにいられなかった。そこでクルーズ船をはじめとする色々な種類の船について調べて乗り、いつかは船についての本まで書こうと考えていた。特に呉世勲《オセフン》元ソウル市長が打ち出した主な開発計画のなかにクルーズ船事業があったが、その発表資料を見ながら国内のフェリーの危険を知ることになった。

誰もが覚えているだろう。呉世勲元市長はソウル市の龍山に国際旅客ターミナルを作り、短距離は済州、長距離は中国を行き来する船を浮かべたがった。その船が漢江をさかのぼるようにするため、楊花大橋《カンファ》を奇妙な形に変えさせたりもした。成功しなかったが、漢江の水上タクシー事業の後続として、もう少し大きな船を浮かべたいというのが、当時のソウル市長呉世勲の望みだった。その水上タクシー事業の中心となる事業主が、まさに今回問題になった清海鎮海運だった。当時、漢江に入ってくる予定の船の大きさは五千トンだったが、これはクルーズ船とは言えない。中国を行き来するフェリーも三万トン程度はする。だから五〜六千トンの船はフェリーなのだが、フェリーはそれほど安全性が高い船ではない。もしもこの事業が進められたら、非常に危険な状況が発生する可能性もあった。だが事業がうやむやになったため、国内のフェリーに対する検討はそれ以上進まなかった。

しかも実際に私は、安全上の問題から仁川―済州のフェリーに乗らなかったことがあった。古くからの友人で、進歩政党の運動をしていたイ・ジェヨンさんが癌で亡くなる前、病床についているときだった。彼が、本当に面白いから必ず船で旅行に行ってみろとすすめ、私は癌で死にゆく友が目を閉じる前に「うん。本当に面白かったよ」と言ってやろうと、家族旅行でどんな船に乗ればいいか探してみた。

結論として、私は友が生前にすすめた仁川—済州のフェリーに乗らなかった。以前一人で乗ったことがあったし、莞島《ワンド》から済州へ向かう船に車を載せて行ったこともあった。だがそのときは一人でなく、身重の妻と行く旅行だった。なので、もう少し念入りにフェリーについて調べてみた。今はセウォル号の惨事のせいで、フェリー旅行が抱えている根本的な問題をより詳しく知るようになったが、当時も断片的ではあるが危険性を知ることができた。危険な航路があるのに対し船があまりにも小さいという点、きちんと管理されていない港湾と過積載の問題、そして老朽化した船という事実まで知ることができた。また、縦方向に増築したことによる乗船定員の増加までは知らなかったが、不法改築、不法政策の可能性を予測していた。もうじき生まれる子と家族のことを思ったら、こうした危険性を知った以上、乗ることはできなかった。

もちろんその後も、私はたくさんの船に乗った。調査や取材で船に乗ることが多く、セウォル号よりも危険な船、家に生きて帰れるかと思うような船にも乗った。テレビの撮影で制作費が足りず、裏金を渡すようにして乗ったちっぽけな動力船で、金さえもっとくれれば今すぐ対馬まで行くこともできるという船長の冗談を聞きながら、一歳になったばかりの子を持つ父親がここで何をしているのか、後悔したこともある。撮影協力で海洋警察の巡察艦も乗ってみたし、今は悲しみの港となった珍島港と、そのすぐ横の西望港にも昨年の秋に行ってきた。

だからもう少し意志が強かったら、清海鎮海運が運航しているフェリーの危険性を語ることも、沿岸旅客と海洋水産部、海洋警察の問題を明らかにすることもできた。もちろん数編の文章で世の中が変わることはない。だが、危険なことが起きる可能性が十あるとき、これを九に減らせるのではないかという気持ちで最善を尽くせなければならない。実際は何も起こらないかもしれない。だが何も起きないとしても、十のうちの一くらいは減らすための努力が重要だ。その一の仕事をするために手にしたものを放棄する人間もいる。政府や学界で働く人びとが、政府の方針に反する立場を表明せねばならないとき、時として多くのものを手放す覚悟をしなければならない。警察大学を追われるより辞める方を選択した、表蒼園《ピョチャンウォン》教授（二〇一二年大統領選挙で野党系候補だった文在寅と安哲秀両者とも北朝鮮に従っているわけでも共産主義者でもないと発言し、警察大学を辞職した）のような人がそうだ。それに比べて私は、ただ怠けていただけではないかと思う。

過ぎたことに「もし」や「万が一」は必要ないという考えは誤りだ。清海鎮海運は仁川─済州路線に老朽化した船を投入した、日本ではすでに引退した船だ、不法に改築されており危険だ、こういう文章が新聞に載ったとしよう。その文章が、韓国で運航される船の根本的な危険性をなくすことはできなかっただろう。だが、関係者には影響を与えることができる。とにかく面倒なことになるかもしれないから、過積載の取り締まりを強化するなどの指示がなされたかもしれない。または清海鎮海運の内部で、乗務員に「ケチをつけられるようなことはするな」と取り締まることもあったかもしれない。

たぶんこうしたメカニズムが作動する社会だったら、私たちがセウォル号に「乗らないこと」が可能だったかもしれない。私たちはいつも危険性についてある程度は理解している。フェリーの危険性に気づいていたのが、私ひとりであるはずはないではないか。だが私たちは色々な理由から口を閉ざす。もしくは口を閉ざしているとは思わず、ただ日常を生きていると考える。だがそれが船に乗るのか否かの問題につながり、結局は息子や娘の命と直接つながるようになるのだ。「最低限の安全意識」というときには「安全のための規則をきちんと守ろう」という程度の受け身の意味では駄目だ。最低限の安全意識とは、危険なことは危険だとまず言うことだ。起きなかったから危なくないのではない。だが韓国社会では、そういうことが広がらない。だから「乗船しない」ことが不可能な事態になるのだ。

3　再び戻ってきた巨大なガレー船

人間が船に乗って海を移動するようになってから、もっとも長い間、そして広く使われた船はガレー船だ。帆は持っているが逆風が吹いたり、近場へ移動したりするときは、人が漕ぐオールを使った。このガレー船は、逆風でも前進できる三角の帆が開発され、長い距離を航海するための帆船や、敏捷な動きで戦うのに適したフリゲートの登場で退役した。映画『ベン・ハー』に登場する奴隷船が、まさにガレー船だ。古代地中海世界で使われ、十八世紀まであったが、人間が戦闘と商業のために使用した船のなかでもっとも大きな位置を占めているといえる。

朝鮮の亀甲船（豊臣秀吉の朝鮮侵攻に対して作られた朝鮮水軍の軍艦。甲板に亀の甲羅のように鉄板をはったとされるなど諸説ある）も同様だ。亀甲船は戦闘船で、朝貢船として広く使われていた板屋船を改造したものだ。板屋船も帆とオールを同時に使って動く船だ。この亀甲船と競り合ったのが、日本の代表的な軍用船の関船《せきぶね》であり、こちらも帆とオールの両方を使った。こうした船もガレー船の範疇に含まれるかもしれない。

では、このガレー船の底に座って、オールを漕がねばならない人とは誰だろう？ 誰かは船で商売をして戦闘も行うが、別の誰かはオールを漕がねばならない。石炭を使う蒸気機関などの動力機関が登場してこの問題は解決したが、その前までの人類は、はたして誰がガレー船のオールを漕ぐのかという問題に悩むしかなかった。

ローマ帝国時代は、この問題の解決が相対的に簡単だっただろう。戦争に敗れた人間を捕まえて、漕ぎ手として働かせることができた。自分たちが負けた国のさらなる戦いのために命を懸けてオールを漕ぐことは、肉体的にもつらかっただろうが、精神的にも受け入れがたいものがあっただろう。彼らは未開で愚かな存在だったのだろうか。当時のローマが「バーバリアン」と呼んだその蛮族は、今日のイタリアよりはるかに強い経済力を持つ国を作った。それ以降は誰がオールを漕いだか？　ミシェル・フーコーは『監獄の誕生―監視と処罰』で、ガレー船のオールを漕ぐ犯罪者について触れている。犯罪者にとって漕ぎ手になることは、死刑と拷問よりは軽く、鞭打ちよりは重い処罰だった。

ガレー船でオールを漕ぐ囚人に関するもっとも強烈なエピソードは、セルバンテスの小説『ドン・キホーテ』に登場する。ドン・キホーテの奇行の多くは、その時代の不当な、すなわち正義に反する仕打ちへの子どもじみた挑戦だが、そのひとつにガレー船のオールを漕ぎにいく囚人たちを放してやる物語がある。そのエピソードには、囚人たちは本当に罪を犯した人びとなのかという厳しい非難、こうまでして船を運航して、何をしようというのかという疑問、スペインの略奪的な帝国主義への批判などがこめられている。罪を犯したら、その懲罰としてガレー船でオールを漕いで然るべきではないかという、その時代では当然の認識に対し、セルバンテスは歪んだ英雄、ドン・キホーテを通して疑問を提起した。

今、ガレー船はない。オールを漕ぐ人がいない船。それこそまさに、近代化の過程とも言える。人がオールを漕ぐ船は、無限の競争力を持つことはできない。だが一九九七年のＩＭＦ通貨危機以降、韓国経済がどん底から再編していく姿はガレー船を彷彿とさせる。韓国経済は巨大なガレー船へと変化しているまっ最中なのだ。セウォル号という一隻の船が、ある日突然、正確には二〇一四年四月十六日、私たちに意図せず教えてくれたもっとも大きな意味は、今の大韓民国の経済そのものが巨大なガレー船と同じだという事実だ。

　クルーズよりは小さいが、六千トンを少し超えるセウォル号は、決して小さな船ではない。だが、この巨大な船の万事を決定する船長は契約職で、契約して一年にも満たなかった。その事実に私たちはなぜ、巨大なハンマーで頭を殴られたような衝撃から逃れることができなかったのだろうか。彼はいつでも制服を脱ぎ捨て、自身が責任をとるべき乗客を捨て、立ち去ることのできる船長だった。キャプテン、オー・マイ・キャプテン（ホイットマン『草の葉』の一節。「おお、船長、恐ろしい旅は終わった……」）、これは、これまでのどんな航海士にもない猟奇的な話だった。

　この事件はセウォル号という船の根本的な構造、潮流が速いことで知られる事故現場の孟骨水道《メンゴルスド》、突然航路の変更をしなければならなかった怪しい理由、常軌を逸した韓国の海洋警察についての問題というより、韓国資本主義の現在の属性に関する話だ。韓国経済がこの十数年の間に作りだしたガレー船のオールを漕ぐ人たち、彼らに関する話だ。それでは、韓国で誰がオールを漕いでいるのか？

セウォル号は済州島に行く船だった。済州島へ行く方法はいくつかある。もっとも簡単な方法は飛行機だ。それが高いというなら、今はＬＣＣもある。それも高い、もしくは大きくてかさばる貨物を送らねばならないとき、人は船に乗る。だが荷を送る資本家が自ら、済州島まで荷物を持っていくことはない。彼らは貨物車に荷を載せ、その車を船に乗せて送る。資本家自身は飛行機を利用して、それもビジネスクラスに乗って行く。だがある人は貨物を輸送する人間がもつ資格で、荷を積んだトラックにぶら下がる付属品のように、船に乗って済州島へ向かう。

高額なものから低額なものまで、さまざまな旅行の方法が存在するわけは市場経済にあり、当然で、むしろ奨励すべきことのようにみえるかもしれない。また旅行の時間と運賃、費用を比較したとき、運搬しなければならない荷物の重さと払う費用を分けると、こうした移動のシステムはとても自然に見える。見方によっては、これぞまさに市場経済の勝利に見えるかもしれない。すべてが高い金を払って飛行機に乗り、最短時間で済州島に行かねばならないとしたら、それこそ不平等なのではないだろうか？　方法を問わず、とにかくもっと安い商品を作り出す現象は、韓国の資本主義がここ数年間称えてきた革新だった。そして私たちは、それに「良心的な価格」という修飾語をつけることをためらわなかった。だが一度考えてみるがいい。想像もできないほどの技術革新や、経営革新、または密輸の

ような やましい過程が存在しない限り、ものすごく安い「良心的な価格」は存在できないのではないか？　少しだけ頭を使えば何でも安くなるという考えは幻想だ。

なぜ済州島に人びとは船で向かうのか。基本的に安いからだと思う。もちろん、公共交通機関は安くなければならない。高額な公共交通機関には上限ラインがあって当然だ。パリとロンドンの間のドーバー海峡と大西洋を横断していたコンコルドがその例だ。コンコルドは存在する公共交通機関のなかでもっとも速度が速かった。そして、とても高額な商品でもあった。飛行時間が三十分にすぎないパリ―ロンドン間に一等車が存在していたということだ。だが、燃料費などの経済性を合わせるのはむずかしかった。結局、もっとも速かったが採算を合わせることができなかった超音速旅客機のコンコルドは退役した。お金ですべて解決できそうだが、これが公共交通機関の上限ラインだ。

では、低価格の運送手段はどうだろうか？　これは問題が少し複雑だ。セウォル号について調べながらもっとも面食らったことは、セウォル号が済州島へ行く最安の運送手段ではないという点だ。ケースを分けて探ってみよう。フェリーは乗用車を船に積んで行く場合、一人当たり三万五千ウォンほどを追加で払う。もちろん済州島でレンタカーを借りるときの費用と比べることもできるが、こうなると体だけ飛行機で行くのに比べ、かなり高い金額を支払うわけだ。

人間ではなく貨物の場合は、絶対的に船が有利だ。飛行機で行く荷物と、船で行く荷物の運送費は比べようもないほどだ。しかも飛行機用の貨物は正確に重さを計る一方、貨物車に載せて行く荷物は車単位で費用を計算するので、たくさん載せる場合は完全に船が有利だ。

それでは純粋に、人だけが移動する場合はどうだろうか？　ターミナルの利用料を含め、仁川—済州路線は三等船室で七万一千ウォンだ。飛行機に乗って行くより超お得というわけではない。ＬＣＣを選べば、船よりも安く行くこともできる。

例として、ソウルから済州島まで行く場合を考えると、ソウルから仁川へ行って船に乗るよりは、金浦空港から飛行機に乗る方が安い。では、檀園高校の場合はどうだったのか？　檀園高校から金浦空港は、仁川港よりわずか十キロ遠い。どちらも変わらないといってもいいだろう。つまり、一万ウォンもしない費用の差額のために船へ乗らねばならなかったことになるが、これは納得がいかない。済州島に行く時間を考えると、なおさらそうだ。基本的に移動時間を減らしてこそ、旅行の効率が良くなるからだ。

純粋に費用の側面から再考してみると、船で一晩を過ごすため、現地での一日分の宿泊費を節約できる。だが済州島までは、色々な方法ではるかに安く行けるＬＣＣがすでにたくさん存在する。宿泊費が増えるといっても経費の面から見ると、より安い費用で修学旅行に行ってくることができたのだ。

では、檀園高校の生徒たちはなぜ、船中で一泊しなければならない船に乗らねばならなかったのか？　船はロマンチックだから、などというとんでもない説明をしなければならないのか？　これを説明するのに、論理的で納得のいくやり方が二つある。一つは恥ずべきやり方、もう一つはもっと恥ずべきやり方だ。

まず、恥ずべきやり方について話してみよう。「恥ずべきこと」と聞くと頭をかすめる、直感的に感じるものがあるだろう。そうだ。「リベート」という、あまり使いたくない単語に言及するのが一つ目のやり方だ。だがこの場合、特定の企業や立場、地位にある人びとの個人的な不正ですべてを説明することになる。簡潔ではあるがすっきりしない。こうするとただの「ついてない」出来事になってしまうからだ。どんなわけでその船を使って、その修学旅行へ行くことになったのか。誰かが直接、もしくは間接的に金を受け取った結果、それで船に乗って行く修学旅行を選択したのだ。こうした説明は、非常に偶然で特殊な前提をともなうケースだ。

二番目はもっと恥ずべきやり方だ。この数年にわたる原油の高騰による船舶業界のコスト危機、内需の低迷による国内観光の減少などが原因だ。これらを確認することのできるいくつかの資料と「クルーズ産業」のような政策に対する理解を合わせると、単純なリベートよりはるかに複雑で、非常に恥ずべき説明を導きだすことができる。つまりセウォル号でもちがう船でも、高校生が修学旅行には船で行くようにする勧誘や誘導があったということだ。それは内密に行われたのかもしれないし、露骨に行われたのかもしれない。

「カーフェリーで旅立つ修学旅行は特別だ。飛行機で出発する旅行とはまったくちがう想い出・ロマン・感動を贈ると同時に、ゆとりと物語を作り出せるだろう」
——安全指針なく事故直前まで海路の修学旅行を奨励（二〇一四年三月　ソウル市教育庁の公文）、『ソウル経済』、二〇一四年五月十五日

飛行機ではなく、カーフェリーで修学旅行に行くのがいいという教育当局の露骨な勧誘は、二〇一一年からその痕跡が見える。ソウル市教育庁の公文は、二〇一一年九月に発送された。当時のソウル市長は呉世勲、ソウル市の教育監は彼とはまったく異なる政治の形をとっている郭魯炫《クァクノヒョン》だった。いずれにせよ二〇一一年から、各地の教育庁ではフェリーでの修学旅行が積極的に勧誘されはじめた。

なぜこんなことが広がったのか？　外的要因としては原油の高騰があった。船、飛行機、発電所など、外部から石油の供給を受けなければならない産業の収益がひどく悪化した。

決定的だったのはLCCの増加、KTX（韓国の高速鉄道）の路線拡大など、大手航空会社も収益の維持は困難になった。船も例外ではなかった。実際に釜山―済州のフェリー路線は運航を中止した。

ところが政治的には大運河はもちろん、「アラベッキル」と呼ばれる京仁《キョンイン》運河が進められていた。政権の一部ではいくつかの理由でクルーズ産業の育成が論議されており、大統領選挙の公約にもこうした内容が割りこみはじめていた。済州の軍事基地建設に反対する済州島民に、軍がクルーズターミナルの設置を経済的な見返りとして提示するのは、こうした流れの一部にすぎない。

問題は、一万トン以下のフェリーは原油の高騰と交通手段としての競争力の低下などで、居場所がなくなっていったところにある。乗用車の普及率が増加するとともにフェリーの需要が増えているという説明は話にならない。済州をはじめとする全国でレンタカー市場が急成長しているからだ。マイカーを載せて行けるという唯一の長所だけで、その産業の収益性を維持することはできない状況だった。

ここでもう一度尋ねてみよう。誰がオールを漕ぐのか？

さまざまな理由からフェリーに人を乗せなくてはならないのだが、一体、誰が乗るのか？　政府、いや、正確には与党が求めるものは、国内の船舶産業が繁栄して四大河川まで船路がつながることだから、誰かは船に乗らねばならない。時間と費用に関係なく。誰がその船に乗るのか？

故に高校生の修学旅行が、教育当局の勧誘によって「カーフェリー」に集中したのだ。そしてその修学旅行によって、途絶えていた路線の運航が復活した。こうした流れのなかで、二十年という船の技術寿命が三十年に延長され、セウォル号のように日本では経済的寿命がつきて退役する船が、韓国に中古として再導入されることが可能になった。もし大規模な修学旅行によってフェリーの需要が裏付けされていなかったら、こんなことは起こっただろうか？　そんな需要がなかったら、誰が無理に李明博政府を動かして、フェリーの技術寿命の延長という面倒なことをする必要があっただろうか？

すなわち、私たちは自身も知らぬ間に韓国社会で一番の弱者にあたる高校生、彼らを特定の政治的、または経済的な目標に合わせて投入させていたのかもしれない。結局、誰かはその船に乗らねばならないのだから。

このようにこの事件を理解してみると、不当に見えるものは一つや二つではない。そのなかでもっとも悲しいことは、裕福な親が多く住む地域や、やかましい保護者が多い学校であるほど、つまり教育部や教育庁が「船路に沿って修学旅行」という公文を送っても飛行機に乗せるという親が多い学校は、このようにあきれた状況にぶつかる確率は少ないという事実だ。セウォル号の惨事の後、教育部が定めた指針の通りに学校全体で旅行に行っては駄目だ、小規模で旅行に行こうと主張する親が多い学校も同様だ。だが、子のために大金を払うのがむずかしいとか、普段から学校の業務へ積極的に参加できないといった状況の場合、教育庁が送った公文は、それ自体が危険な現実になる可能性が高い。そして、それは現実になった。つまり、彼ら彼女らがオールを漕いでいるのだ。大韓民国は人びとがオールを漕ぐ、巨大なガレー船になってしまった。

第二章　ガチョウの夢

わたしには夢があった
捨てられ　引き裂かれ　ぼろぼろでも
わたしの胸の奥深く　宝物と一緒に　大切にしてた夢
もしかして　時には誰かが
わけも知らずに　後ろでわたしをあざ笑うときも
がまんしなければ　がまんできる　その日のために
いつも心配してるように言うんだね
むなしい夢は毒だと
世界は終わりが決められている本のように
もう取り返しのつかない現実だと

そう　わたしには夢がある
その夢を信じる　わたしを見守って
あの冷たく立っている　運命という壁の前に
堂々と立ち向かえる
いつかわたし　その壁を越えて
あの空高く　飛んでいける
この重苦しい世界も
わたしを縛ることはできない　わたしの命の終わり
わたしが微笑むその日を　ともに過ごしましょう

――檀園高校二年　故イ・ボミさんが生前に歌った「ガチョウの夢」

1　二〇一四年四月十五日、セウォル号

二〇一四年四月十五日の午後六時、セウォル号という韓国式の名前を掲げた「フェリーなみのうえ」が、予定された時間に出航できず仁川港で待機していた。ひどくはないが、濃い霧が海一面に立ち込めていた。なみのうえは日本の南側の関所と呼ばれる、鹿児島と沖縄の間を運航する定期旅客船だった。「波の上」というロマンチックな名前を持つこの船は、日本政府が二十年近く経った船は退役するよう働きかけたり、金融機関が企業をあれこれと圧迫してきたりすることがなかったら、なみのうえという名前のまま今も勇ましく、沖縄の沖合を安全に航海していただろう。

日本では退役した二十一歳（韓国では数えが使われる。満二十歳）のなみのうえだが、韓国だったらもう十年働くことができる。たぶん、もっと可能かもしれない。韓国に古くからある原子力発電所の寿命が延びつづけているということを、なみのうえは船のなかのテレビやラジオで知っていた。おそらく今のような状況なら、自身の寿命ものびつづけるだろう。

自分になぜセウォルという名前がつけられたのか、なみのうえは船中の人びととの冗談を小耳に挟んで知っていた。モーセという人物の名前をひっくり返すとセモ、船の主人はセ

モノワールド（韓国語の発音でウォルドゥ）を作るという意味から、一文字ずつとってセウォルと名づけたということだった。

モーセ？　海を割って進んだという男ではないか。なみのうえ、いやセウォルはもっとなにか考えようとしたが、背筋に走る痛みに一瞬、歯を食いしばった。すでに既定の三倍を超える荷が背中の上に積まれていた。沖縄ではいちども、こんなことはなかった。あのときはもっと若くもあったが、今よりずっと少ない人を乗せ、本当に楽しく走った。だが今夜は載せすぎだ。耐えきれるだろうか？

一瞬のうちに船は満載喫水線（Load Line、船舶が安全に航海するためには予備浮力を保持しなければならない。船舶が貨物を積載するときは、この適当な予備浮力の許容範囲内でなければならないが、許容できる限界値を満載喫水線という）を越えた。水面下に船の鼻の穴が下がり、船はこれ以上息をすることができなかった。あえぐのも束の間、船は自身の下部がふらつくのを感じた。重心を保つためのバラスト水が排出されていた。体が軽くなり、セウォルの満載喫水線が再び水面の上に上がってきた。

苦しそうに息をつきながら、セウォルはしばし体のバランスを整えた。少し体が軽くなったとはいえ、背中を押さえつける重圧感は、より大きくなった。無理にでも前進しろといえば進むことはできるが、横に揺れたら倒れるしかなかった。背中の荷物を四階建てから五階建てに増築したまではいいとしても、バカどもが、左右のバランスも保っていなかった。

日本の船、なみのうえを鉄くず同然の値段で買ってきた人たちは、船についての基本的な原則と常識もないまま、都合のいいように手を入れた。船体が傾いたときの復原力に必要な、負荷を均等に合わせる最低限の作業もできなかった。これでは船がいくらバランスを保とうとしても、上部が重すぎて耐えることがむずかしかった。しかも当たり前すぎて書くのも恥ずかしいが、縦方向の増築などで船尾がいじられてしまったため左右のバランスをとることすらできなかった。船は航海のたび、ぞっとするような事故を免れるため、死力を尽くすしかなかった。

ようやく鼻を上に出して息をついた二十一歳の船は、これが自身最後の航海になるかもしれないと考えた。こう考えるのは初めてではなかった。ここ数カ月、大小の事件を経験しながら、幾度か危険な状況に直面していた。しかもこの苦しいさなか、唯一の話し相手だった友人が去って行った。これまで船は多くの人と出会い、別れた。自分をデザインした人と作った人、そして長いこと管理してくれた人とも別れた。そして航海のたびに何百人の人と出会い、また別れた。ある人たち、特に年齢の近い十代の人間は、自身との出会いを長いこと覚えている人もいることを船は知っていた。

船が記憶しているある男は、韓国では珍しく船に対する礼儀を知っていて、船と会話する方法を知っていた。彼は数日前、船を去った。会社を辞めたのだ。船は自身が男に言った最後の言葉を思い出していた。

「降りろって、とにかく。今度の港に着いたら無条件に降りろ。自分はもう、自分の体も手におえない、ボロボロな船なんだから」

男は何度もためらったが結局、数日前に船を去った。船は最初に建造されたときから今まで、自分ではなく人間が先だということを学んできた。船がなみのうえと呼ばれていたころ、油の流出事故が一度あった。そのときの船は幼かった。整備士のミスだったが、多くの人が、ぺこぺこと頭を下げながら謝罪しているのを見た。そして、その一件で船と親しかった人びとが職場を去って行った。

若いころはそうした無情な仕打ちが、度を越しているのではとたびたび思った。だがその無情な仕打ちのおかげで、軽い接触事故も、絶壁に体をぶつけることも、暗礁を甘く見て船底を引っ掻くような、些細なことに見える軽い事故さえ一度もなかった。だが、船は韓国に来てからあまりにも傷んでしまった。体力の限界、極限の航海をしているうちに船は海が怖くなり、強度はひどく落ちた。そして「お前が責任をとれ」とでも言うかのように、静かに自身へ身を預ける人びとの重さ、いや、もしかすると彼らの物理的な重さではなく、彼ら一人ひとりが持っているであろう魂の重さが、より恐ろしく感じられたのかもしれない。船底にはいつも担ぎきれないほどの荷物が載せられていた。人びとが乗ってきた乗用車、実際のところ、それは何でもなかった。自らの許容量から見ると、その程度ならいくら載せても構わなかった。だがセウォルに名を変えてから、残酷なまでに積みこまれるようになった荷物は、船が耐えきれるレベルではなかった。荷物は重量ではなく数で計算されるため、人びとは乱暴により多くの荷物を押しこんだ。船は何度もその重さのため、バランスを崩すところだった。あるときなどは倒れてしまいたかったが、そうすることはできなかった。

それはセウォルと名を変えてから船の背に、はるかに重いものが載せられるようになったからだ。最初は同年代の生徒たちが乗りはじめた。日本でも旅の楽しさでいっぱいの人びとをたくさん乗せてはいたが、これほどではなかった。二～三百人ほどになる同年齢の生徒たちが、今日で世界が終末を迎えるかのように楽しむ姿を見ながら、船は何としても踏ん張らねばならぬと思いはじめていた。そうして数年が過ぎ、年齢でいったら弟や妹のような生徒たちを、背中の上に乗せるようになった。それこそ魂の重さと言わざるをえなかった。

そうした魂の重さに耐えながら、何度か危うい航海をしていた男に船は、これ以上自分と一緒にいてくれるとは言えなかった。数週間前から薄々気づいていた。自分に残された航海の時間は、それほど長くないだろうということに。ここ数週間、船は大小の事件を起こしていた。自身の過失でもなかった油の流出事故だけでも沖縄から追い出されたことを考えると、今も正常に仁川—済州の航路を行き来しているのが不思議なほどだった。

自分と会話を交わすことのできた最後の男の後任者たちは、船と会話する術を知らなかった。彼らは突然呼び出され、すぐに消えた。あの最後の友人が去ったからか、最近の船は、耐えられないなら出航前にそのまま沈んでしまいたいと考えるようになっていた。

「出航を許可します」

午後八時三十五分、濃霧注意報が解除された。人びとが船から降りることのできた最後の瞬間は、こうして終わりを迎えた。生きているととても敏感な人に出くわすことがある。科学的には説明できないが、幸か不幸か私たちが理解できないやり方で何かを感じる人がいる。何人かがいざこざの末、降りたと記憶している。だが旅行客の大半を占めていた高校生たちは、それぞれ若干の動揺があっただけで船に乗っていた。船はこの瞬間、魂というものがどれほど重く、ひとつひとつの重みが全体の重さに準ずるほど荘厳なのか、しばし思いを巡らせた。

午後九時になった。船はゆっくり仁川港を出発した。セウォル号は「うん」と一回うめき声をあげると、どっしりした体を動かした。船はそうやって、二度と戻ることのできない最後の航海へ向かいはじめた。だが船は知らなかった。船だけが知らなかったのではなく、誰も知らなかった。なみのうえ、今はセウォルが最後を迎えるのにベストな瞬間は、まさにこのときだったという事実を。船が仁川港を出発してすぐに、支えきれない重みで沈んでいたら、彼の背中に乗っていたほとんどの生徒は驚いてショックを受けただろうが、二〜三日後には自宅で愛する親や家族と夕べを過ごせたということを。だが船は知りようもなかった。

2 悲しい通話

二〇一四年四月十六日、午前八時頃、セウォル号は朝食を終えて仕事に出てきた漁師たちの目に留まりはじめた。本当にこのとき問題が生じたのか、もう少し経ってから問題が生じたのか。とにかくその近辺にいた人びとは、簡単には起こらない、決して起こりようのない出来事がくり広げられていることを知る。その日、子どもを修学旅行に送り出した親の一部は、全身の細胞がひどく緊張し、神経が逆立ったまま朝を過ごしていたかもしれない。まるでテレパシーのように子どもと精神的な絆で結ばれていた親なら、その日の朝は一層、気分が穏やかでなかったかもしれない。程度のちがいこそあれ、その日この国に住む私たちは、生涯忘れることはないであろう特別な事件を経験することになる。その後に起こった出来事を簡単に記録してみよう。

八時五十二分　全南《チョンナム》消防本部一一九状況室に事故が申告される
八時五十五分　済州ＶＴＳ（海上交通管制センター）と交信、乗務員が船の異常を外部に知らせる
九時二十五分　珍島ＶＴＳ命令、「船長の判断で脱出させよ」
九時三十分　乗客の救助開始、船長らは海洋警察の最初の船で脱出

このタイムテーブルはさらに細かく、無限に増やすことができる。例を挙げるなら、船長をはじめとする幹部らは、いつ船を去ろうと決心したのか？　自分たちしか知らない通路を通って、いつ移動したのか？　船の食堂担当のサービス係は見て見ぬふりをしながら、いつ船から出たのか？　こんな具合に増やしてゆくことが可能だ。

生徒たちを全員救助したという誤報が最初に流れたのはいつで、どのように拡散したのか？　最初の誤報に対する謝罪の放送はいつ出たのか？　これらの記録も一緒に含めることか？

とができる。こうした大規模な事件が起こった瞬間、これに責任を持つことが法で定められている省庁の長官が、どんな行事に参加していたのか、事件をいつ知ったのか？といった内容ものちに法的であれ道徳的であれ、何かを問い詰めるのに重要な時刻になることがある。

だが生と死という観点から見たとき、その日のタイムテーブルがそのように細かくあるべきかは重要でない。生きている誰かに責任を問うとか罰を与えるために必要なそれらの時刻が、すでに亡くなってしまった人びとにとって、それほど重要だろうか？生き残ることができたはずの可能性の時間と、もう戻って来られない人びとに原因を提供した人間を処罰するための時刻、このなかで私たちは、何を見なければならないのか。聞くまでもないことだ。そうした観点から、四月十六日に私たちが目撃した核心となる時間は二つだ。

（1）船の指揮官は乗客を見捨てた、なぜ？

彼らは本当に逃げようとしたのか、それとも本音はちがったのか、法廷で長い論争が行きかうことだろう。だが常識的に考えて、階級の高い乗務員と表現される船長と航海士などが、修学旅行中の学生をはじめ、自分たちが運航する船の乗客の安否のために大役を果たしたとは考えにくい。

少なくとも救助の放送や、脱出に必要な装備に技術的な処置をほどこすのが常識だ。もちろんその日、あの場所で起こったことのなかには、私たちがちょっと見ただけでは分からないこともあるだろう。その日の指揮官たちを、特別な宇宙人のような存在だと考える理由もない。彼らが誰よりも己のためだけに生きてきた、これからもそういう人間だと仮定する根拠も特にない。いずれにせよ、顔も名前もよく分からない彼らは四月十六日、どの船だろうと誰もが常識や法の観点からそうするだろうと考えられる、救助という行為を行わなかったということだ。

ここで私たちは、非常に解析のむずかしい最初のジレンマと出会うことになる。この事件の解析がむずかしいのは、この特殊な「彼らの逸脱」が個別に行われたのではなかったということだ。特定の個人ならば判断を誤ることもあるが、個人と個人が集まって集団になると、個人の判断より合理的、かつ普遍的な判断を下す可能性が高まるとよく言われる。

個別化された環境で、個人が恐怖の前に機能的な判断ができなかったことに対し、私たちは寛大に理解する傾向がある。どんなに大きな過ちを犯したとしても、それが恐怖にかられてのことだったら、私たちは比較的その個人に対して寛大だ。場合によっては、それを同情と呼んだりもする。

だがそうした「逸脱」が個別ではなく数人の共謀によるものだとしたら、私たちはただちに同情のような感情の代わりに憎悪と嫌悪、そして時間が経つと疑いの眼差しを向けるようになる。数人が集まって「ここにいる人たちはみんな死ぬだろうから、私たちだけでも今すぐ逃げよう」と話し合ったと考えてみよう。これが事実ではないと信じるだけの証拠や結果は現れなかった。「逃げてください」という、人間なら当然のように言うであろう言葉の代わりに「待ってください」と言った人たち、しかもそれが組織的だったとしたら？　彼らを悪魔に例えるようになるのも、それほどおかしなことではない。

あえて言うなら、ここには「人間についての解析」でない質問も存在する。それは船主側、つまり企業に対する質問だ。明らかなのは、特定の場所から他の場所へ移動する運送サービスを、船に乗っていた人びとはある企業から金を払って買ったということだ。だがそのサービスがきちんと履行されず、しかもその商品を買った人間の半分以上が死ぬことになったとき、サービスを販売した者はどうするのか、という疑問だ。

（2）災難システムは作動しなかった、なぜ？

まるで幽霊と闘っているように、責任の震源地がない。幽霊と闘うと、闘っている人間の方が正気を失うようになる。

（孔枝泳《コンジヨン》『椅子遊び』（双竜自動車の整理解雇をあつかったルポルタージュ））

双竜《サンヨン》自動車（韓国の準大手自動車メーカー。経営の悪化により中国、インドの資本が次々に乗りこんだ。労働争議が多発し、二〇〇九年、工場に立てこもった労働者を機動隊が強制排除した）の整理解雇と労働者の玉砕ストライキ問題のように、闘うと一種の「ぐるぐる」を経験する。双竜自動車から上海汽車、マヒンドラへ所有権が移り変わっていく過程に接し、はたして本当に責任がある人間は誰なのか、そのつかめない実体の前で悩むとき、自然に思い浮かぶ単語がある。それが「幽霊」だ。

　政府を相手に請願をしたことがある人なら、これがどれほど奇異に作用するか気づいただろう。現場ではこれを「ぐるぐる」と表現する。「ぐるぐる回る」または「ぐるぐる回した」と言われる過程。こっちの部署に行くと、あっちの部署に行けと言われ、あっちの部署に行くと、また別の部署に行けと言われ……。そのうち最初の部署にまた戻るようになる、そんな状況。

　政府の機関が請願する者をぐるぐる回すのは、必ずしも韓国だけではない。自民党から初めて政権を獲得した民主党が、低所得層のための核心政策として打ち出したのが「ワンストップ・サービス」だったのは、よっぽどの事態だったのだろう。国にお願いごとをする人にあちこち回らせるなというのが、この政策の真のメッセージだった。ＮＨＫのドキュメンタリー番組で有名になったこの取り組みは、幸福な結末を迎えることができなかった。この業務を担当するために、市民団体から内閣府の参与に登用された湯浅誠氏は結局、職を辞して市民団体へ戻って行った。国家は人間が作り出したシステムのなかで、もっとも複雑な型のシステムだ。大体の場合、このシステムに接すると、その複雑さと不便さのせいで、二度と会いたくないという気になる。公務員の口から発せられる、何の情報もない、くり返される同じ話を聞いたり、延々と電話が回される経験をしてみよ。二度とやりたくないという気持ちに自然となる。

全南消防本部一一九状況室（以下、消防本部）：一一九状況室です
最初の通報者（以下、生徒）：助けてください
消防本部：はい、一一九状況室です
（……）
消防本部：通報された方、今、海洋警察が出ました。会話してください。
木浦《モッポ》海洋警察（以下、海洋警察）：もしもし、木浦海洋警察です。位置を言ってください。
生徒：はい？
海洋警察：位置。経緯度を言ってください。
生徒：はい？

消防本部：経緯度ではなくて、船に乗っている方、船に乗っている方。
生徒：携帯ですか？
海洋警察：もしもし、こちら木浦海洋警察です。沈没中とのことですが、船の位置を言ってください。船の位置、船はどこにいますか？
生徒：位置はよく分かりません。今、ここは……。
海洋警察：位置が分からないですって？　GPSに経緯度が出ませんか。経度と緯度！
生徒：島がこうやって見えることは見えるんですが。
海洋警察：はい？
生徒：よく分かりません。
（……）
生徒：セウォル号です。セウォル号。
海洋警察：セウォル？
生徒：はい。
海洋警察：船の種類は何ですか？　船の種類……。旅客船ですか？　それとも漁船ですか？
生徒：旅客船だと思います。

海洋警察：旅客船ですか？
生徒：はい。
海洋警察：旅客船で、セウォル号、沈没中だということですか？　船が？
生徒：はい？
海洋警察：沈没中だということですか？　船が？
生徒：はい。そうみたいです。片方に傾いて。
海洋警察：片方に傾いて沈没中だということですね。もしもし？　横に誰かいませんか？

午前八時五十二分三十二秒、木浦海洋警察はセウォル号に乗った生徒の通報を、全南消防本部一一九から最初に受けた。一一九を通して木浦海洋警察につながったこの電話は、八時五十六分五十七秒まで、約四分ちょっと続いた。一一九で船の名前と状況ぐらい把握して、すぐに処置していたら、一分もかからず終了した会話だ。この緊急時にあえて他につなげなければならなかったのか？　しかも同じ話をくり返して、状況を確認しなければならなかったのか？　続いて電話がつながった木浦海洋警察の質問は猟奇的ですらある。
一一九を通じて届いた生徒の問いかけにGPSの緯度と経度を質問し、生徒が「はい？」と聞き返すシーンは、現実というにはあまりにも作為的だ。現実にはありえないと批判されるのがお決まりのシナリオ公募展の応募作よりも奇怪だ。こんなセリフが現実に可能だろうか？　もしこの会話があるシナリオに登場したとしたら、「笑いをとるための無理な設定」とひんしゅくを買っただろう。

だがこれは実際に起こったことだ。おそらく生まれて初めて政府のシステムと対面した生徒は、親切そうで不親切、論理的に見えて非論理的なことに驚愕したことだろう。傾く船の上から「助けてください」と言ったのに、電話が他のところに回り、ＧＰＳの経緯度を教えろと言われたとき、この生徒は何を感じただろうか。

この生徒の四分間の電話は、今もあの船から降りられない者たちの親や親せきが経験した状況の圧縮本のようだ。親が死にゆく子を救うことができたはずの国家と向きあったときに直面しなければならなかった、いくつもの「ぐるぐる」。そのなかには何の情報もない言葉の数々が、とても不快に、または若干の礼儀を持って無限に反復されていたことだろう。

それでも相手側が同じ話をくり返すなら、少しはましだ。だがこちら側でも同じ話をくり返させるあの「ぐるぐる」は、珍島体育館に集まった事件の関係者が遭遇した絶壁だったことだろう。理由と過程はまったく異なるが、双竜自動車の一件の当事者たちが、「幽霊」と相対しているようだと言ったときの心情と、さほど変わらなかっただろう。「どちらさまですか」と聞き、次に「あの人に話してください」と言う。そして相手が強い反応を見せると、前に言ったのと同じ言葉をくり返す。正直、お互いに疲れる。立場を逆にしてみよう。偽の通報と大げさな訴え、そしてまとまりのないメッセージをくり返し聞く方も、大変だったのではないだろうか。

　今でこそセウォル号という名前を知らない人はいないが、特に事前情報がない状況で、最初の電話はこうして終わった。ではどうするべきか？　電話を受けた人間の常識を問題にするのか。それとも細かいマニュアルを作るべきか？　たとえば「最初の電話はこうしてください。それから本人が処理しましょう、絶対に他のところ、特に海洋警察みたいなところに通報者の電話を回さないでください」というふうに？

　個人のまともな常識に訴えるのか、「こうしろ」と明確に規定された制度のほうがいいのか、どちらにしても後の祭りだ。一一九であれ、海洋警察であれ、膨大な救急信号を本当に緊急なのか否か、敏感に選び分けられる機敏な人間がその席に座っている確率は低い。率直に言って、船の上から船長が公式なルートで正確に信号を送らない限り、通報は受けたが自分は正確に処理できないという変な理由で電話を回し続け、修学旅行中の高校生に沈没中の船の緯度と経度を教えろという確率をゼロにすることはむずかしい。

だから、このようなことが起こると論議される「その後の対策」を大まかに作ってみたところで「セウォル号の通話」のようなことはまた起きるだろう。「顧客が電話してきたら、少し親切に受けなさい」社長がそう言わない企業がどこにあるのか？　だが社長が青筋を立てて怒れば問題が解決するのか？　少し前に主要銀行の何カ所かで、顧客の個人情報が流出して大問題になったことがあった。そのときに電話でこの問題を解決しようとした人びとは、ひたすら待たされるか、待っても何もできないというシステムのエラーに遭遇した。

一一九には「次からは絶対にそうするな」。そして海洋警察には「潰してやる」。こう言えば、セウォル号からの最初の通報のような問題を解決できるのだろうか。これは非常にむずかしい。簡単に見えるが、政府と民間が初めて対面する瞬間、システムと問題がぶつかる瞬間を、うまく処理するのは簡単ではない。その瞬間に、実際に作動できるシステムの構築を技術的、教育的な問題として考えると百回は失敗する。

セウォル号の通話は、これ以上の悲劇を想像するのはむずかしいほどの悲劇として残った。助けてくれと一一九に電話をかけた生徒の「ぐるぐる」通報の末、現場に到着した船には、その前から待っていたセウォル号の船員が乗って行った。

シェイクスピアの四大悲劇にも匹敵する、完璧な悲劇の要素を備えた話だ。私たちは泣かずにいられない。「助けてくれ」と電話をかけた、まさにその生徒が遺体となって戻ってきてしまった悲劇の前に、人びとは言葉を失ったことだろう。わざわざストーリーを作ろうと思っても、このように作るのはむずかしい。

そして最初の通話のあと、同じ類いの問題が安山から珍島、檀園高校から珍島港の間で絶えず起こった。同じ言葉がひっきりなしに行き来し「私はよく分からない。あちらの人に会ってみてください。とりあえず待ってください」そうした意味のない言葉がくり返された。

この過程で明らかな事実は、自ら生きようとしたか、その人の横にいたおかげで一緒に海へ飛びこんだ人を除くと、政府のシステムは誰も救い出せなかったということだ。そして今も私たちは「ぐるぐる」回り続けている。あのおかしな通話は、遺族と生存者、さらには社会全体にまで拡張して進行中だ。誰が責任をとらなければいけないのか分からない状況、だからといってていねいに話が進むわけでもない状況に陥った。

3　船長─船主─企業─政府

一九九七年、私は見かけこそ立派だが実権のない、現代グループの環境管理に関連する業務を担当していた。今さらあの頃を回顧するのはおかしい気もする。だが当時の私と同僚が下した結論を、一度は再考してみる必要があるのかもしれない。現代の関連企業は五十八社、月に一、二度は大小の事故が起きる。そして大企業なので、どんな問題であっても社名が一番先に出る。例えば「現代重工業など十八の企業が大気汚染物質……」こんな具合だ。実際に大きな問題もあったし、本当に些細なハプニングのときもあった。だがいずれにせよ、会社の名前が出るわけだから、環境事故を統合的に対処できるマニュアルが必要だった。

しかも一九九一年に起きた斗山《ドゥサン》電子によるフェノール流出事故（一九九一年、斗山電子亀尾工場でおきた。大邱の上水源を汚染した）から、韓国の企業は問題を隠ぺいや回避するより、改善することを望むような状況だった。今になって考えると、こうした状況そのものが特殊だった。斗山電子によるフェノール流出事故は、環境事故でオーナーが処罰された、最初でそしておそらく最後の事件だろう。その後、環境経営など企業が見栄えのいい概念で対抗したが、実際の結果は自らの代わりに監獄へ行く人間を作っただけだった。企業主がはっきりした管理システムを作ったのなら、問題が発生したときに監獄へ行かねばならない人間は、その業務をするようにとシステムに基づいて任命した責任者になるわけだ。

いずれにせよ、環境に関して緊急を要する状況になったとき、どのように対処するべきか。当時のサムスングループは、会長室に全国の工場の汚染指標をリアルタイムで表示する、一種の状況確認ステーションがあったという。では現代はどうするべきか。蔚山《ウルサン》、泰安《テアン》、全州《チョンジュ》など、全国すべての状況を知る必要があるのかという指摘もあるが、とにかく状況がすべてどこかに報告され、ひとつに集められ、判断せねばならないという意見が多かった。だが突然事故が発生したら、はたしてソウルの本社ですべてを統制したり管理したりすることができるのか？　当時は石油化学系列など化学物質を扱う企業が多く、毒性物質が放出されたら、まさに一瞬で頭の痛い事態に展開する可能性もあった。

専門家とエンジニアをはじめとする私たちが出した結論は、事故が起きたらまず、一一九への通報からせよというものだった。現場で事故が起きるとまず自分たちで収拾しようと努力するが、そうした初動対応がうまくいくとは限らない。またその段階での過ちが隠ぺいされてしまい、一度隠ぺいが始まると徐々に隠ぺいの幅が大きくなって、収集のつかない状況がやってくるようになる。

しかも現代グループの主な工場は、規模が非常に大きい。化学物質の流出や保管装置の爆発のようなことが起きたとき、会社の人間の力と装備では防ぐことがむずかしい状況が発生するかもしれない。大規模な事故が起きると、保管している中和剤のような緊急措置用の薬品が不足する可能性もある。そうなるとそれは企業レベルの問題ではない。よってまずは、積極的に国の助けを借りることが、長い目で見ると有利だというのが当時の結論だった。

この昔の記憶をあえて引っ張り出してきたわけは、セウォル号の惨事のなかには、営利を追求する企業が自身の営業活動のなかで起きた事故をどういった過程で収拾するのか、という質問も含まれているからだ。今の韓国のシステムでは、セウォル号の航海は民間企業が金を稼ぐための行為であることはあまりにも明確だ。金を稼ごうと、後暗くて汚いことをした。そのうちに思いもよらなかった事故が起きた。どう収拾するのか、姿形はちがっても、今後多くの企業がぶつかる事件だ。誰が事故を望むというのか？　だがこれは確率のなせる業だから、一定の度合いで予期せぬ事態になることを誰も防ぐことはできない。

当時の私と同僚が本当に恐れていたことは、インドのボパールにある化学工場で起きた事故だった。ボパールの事故は、考えるだけでもぞっとする環境事故だった。事故現場の管理者が監獄行きになったり系列会社の社長が法で処罰されても、それは当事者にとっては大ごとだが、企業と社会的な次元からはむしろ小さなことだ。事故直後に亡くなった人がいなければ、これは管理が可能な範囲に含まれる事件だ。死者がいたとしても、その数が多くなかったら？　少し残酷かもしれないが、それもまた管理できる範囲だ。だがボパールの事故のようだったら？　それは誰も管理しきれないし、誰も対処できない。会社は廃業し、工場は永久に閉鎖される。人びとは死に続け、生き残った人も働く場を失い、ひとつの都市が滅びるかもしれない。十年なり二十年なり、答えのない長くて長い訴訟に入ることだろう。その頃の私たちはボパールのような大型の災難に対する恐怖があった。今も企業の仕事ぶりが透明だとは言いがたいが、一九九〇年代後半の韓国の大企業のレベルはどうだっただろうか。ゆえに韓国でも第二のボパールの事故が起きないだろうと豪語することはむずかしかった。

インドのボパールの事故は、一九八四年にアメリカ系の化学工場ユニオンカーバイド社で発生した有毒ガスの流出事故だ。主に化学肥料を作っていた工場から流出したガスは、二時間で近隣を死の町にした。何の対応策もなく、現地の住民が被害者になった。即死した人だけで二千八百人、最終的には約二万人が死亡したと推算される。そして被害補償を請求した人は五十八万人を超える。企業が関係する単独での災害規模としては、ボパールの事故は史上最高と言える。

工場は最初からおおまかに設計され、基本的な装備の設置にも問題があった。しかも事故発生から最初の二時間は、外部にきちんと知らされなかった。空気より重いため低いところに溜まる有毒ガスの特性上、背の低い子どもの被害がいっそう大きかった。初期に地域の住民に警告だけでもきちんとしていたら、被害規模は明らかに小さくできただろう。だがそうしなかった。ユニオンカーバイド社は結局ダウ・ケミカルに買収されたが、被害者との訴訟や行政手続きは今も続いている。

ボパールの事故の場合、設備や機械の不良などの問題を考えると、現場の管理者の立場からは悔しい点が多い。どのみち一度は爆発したにちがいない安い装備の数々、それを事故当日に管理を任されたという理由だけで、管理者がすべての責任を被らなければならないのだろうか。私たちがある個人やチームの対応の仕方に非難を浴びせることはできるだろうが、だからといって実際に事件を解決するのに大きく役立ちはしない。

当時、三十六トンの有毒ガスが最初の二時間で工場のタンクから流出した。その間に、私たち流に表現するなら工場が一一九に電話でもかけていたら、数千人があっけなく死亡する事態は避けられたかもしれない。自己流で解決するという現場の管理者の切迫した心情を理解できないわけではない。だが元からの設計ミスによる過誤と不十分な管理システムを、現場の管理者がどのような手段で処理することができただろうか？　最初から不可能な任務だ。だからボパールの現場の管理者がしなければならなかったことは、自身が責任をとれない現場を解決するのではなく、問題が発生したと地域の住民に急いで知らせることではなかったのか？

ここで少し視点を変えて、疑問だらけの初期対応の末に無残にも船に取り残された数百人の乗客を置き去りにして自分たちは逃げた、セウォル号の船長と船員について考えてみよう。彼らは何者なのか？　悪魔なのか？　もちろん船長は一年契約の契約職、安い給料で船を預かってきたという事実を理解することはできる。だがあのとき、一一九に電話もできなかった船長に激しい憎悪と嫌悪を感じざるを得ない。そんな人間たちの反対側には何とかして一人でも救うため、生徒たちに自身の救命胴衣を脱いで差し出し、結局には船から抜け出せなかった乗務員のような人もいることを知るとなおさらだ。

だがそうした「人間に対する判断」から問題の枠を変えて質問してみよう。民間企業は自らの経営活動によって起きた問題が公式に露見したとき、それをどうすべきか、私たちは順序立てて悩んだことがあるだろうか？　セウォル号の船長が契約社員だということに疑問の余地はない。だが民間企業と社会は「災難」という、特に共有したくない経験について論議したことはない。

前述のとおり、ある事件の「責任」をとる人間がオーナーでも専門家でも、該当する分野で長いこと働いた人間であるというケースは減ってきている。巨大な船のキャプテンが契約職だったように、その分野での経験も特になく、だから責任感もない人が「現場の責任者」になる可能性が高まっている。

いいかえれば生涯を一つの職場で過ごした経験者や、ある企業に骨を埋めたいと思うほど忠誠を誓った経験者はほとんどいないのだ。今の社会でそうしたことは、取るに足らないことだと考えられている。だからセウォル号で最後まで生徒を守った教師たちのような人間が船長や航海士である確率は低くなるのだ。よって私たちがしなければならないことは、「臨時の」人が深刻な危険を感知したとき、即刻一一九に危険を知らせるようにさせることだ。悪魔と天使の話より、そちらの方が重要だ。

インドのボパールのような大惨事ではなかったが、簡単で基本的な措置を怠ったせいで社会的な問題になった事故はこの数年、常にあった。そしてそのたびに私たちは、悪魔と天使を目撃した。だが小さい企業であるほど、零細企業であるほど、管理されていない企業であるほど、自己流では解決できない状況で隠ぺいし、回避したまま逃げるのは、ある意味では当然のことだ。

もちろん、内部に事故処理が可能な独自のシステムがない小さな企業であるほど、政府が公式に運用するシステムと、すぐにつながる方法を身につけなければならない。だがこれはどこまでも理論にすぎない。小さくて隠ぺいすることが多い企業であるほど、外部に己れを露出させまいと戦略を用意する。そうした傾向の中心にセウォル号の船長がいたのではないだろうか？

ありふれた質問だがセウォル号の船長をはじめとする乗務員に、法の最高刑、または特別法を制定してそれ以上の処罰を下せば、企業の安定性は高まるのだろうか？　冷たい言い方をすると、彼らが処罰されるのと、きちんと管理されていない、または管理したくても能力がない企業の安全性の向上は別問題だ。もちろんこうした事件をきっかけに現場の管理者の意識を喚起させ、もう少し迅速で責任感のある行為をするように誘導することはできるが、短期的な効果にすぎない。何よりそれ自体は事故の確率を確実に下げてくれるわけではない。

だから人びとの視線がセウォル号の船長と船員の処罰のほうへ向かうほど、そして彼らがどれほど破廉恥で呆れた人間かに集中するほど、実際の問題を解決する機会は減っていく。これはセモグループに関連する船主一家の追跡や逮捕についても同様だ。数百、数千の企業のなかから、一つを見せしめとして厳しく法で罰したからといって、民間企業の安全管理に対する活動が高まるという保障はまったくない。

ＩＭＦ経済危機（一九九七年一二月三日、韓国が通貨危機をおこし、ＩＭＦから支援を受けた事件）の後、韓国の国民所得は一万ドルを超え、今や二万ドルも超えた。紆余曲折はあったが、韓国は表向きには先進国へ近づいた。だが不幸なことに、これと比例して韓国経済全体が安全になったという保障はない。より多くの契約職が、さらに危険な作業場へ出現した。しかも現政府の政策の基礎は、契約社員よりも劣悪な派遣社員を大々的に増やすというものだ。規則と制度、規制はさらに緩和される方向にある。この規制のなかには安全に対するものが多数含まれている。結局、安全に必要な制度と費用が減ると、事故の確率はそれだけ高くなる。

セウォル号だけみても、日本では問題のない船だった。もっと運航してもいいのに、リスクを受け入れたくない銀行など関係機関からの圧迫で早期退役した船だ。しかも似たような事件が日本で起きたとき彼らは全員を救助したが、私たちは自ら脱出した人以外は救えなかった。不幸にもいくつかの側面からこうした格差はさらに広がる方向に向かっている。船長と乗務員数名が、この構造的な問題の責任をすべてかぶることではないというわけだ。

4　国はなぜ、船のなかに残っていた人を誰も助けられなかったのか

四月十六日、海洋警察がセウォル号に到着した最初の時刻は、午前九時三十分。船内からカカオトークのメッセージが最後に発信されたのが午前十時十七分、このあいだの四十七分は、もはや民間企業ではなく、国が最初に船の中の人びとを救えた時間として知られている。これに水温を考え合わせた生存可能な時間の三時間までが、政府が二番目に

責任をもつ時間だといえる。ここでの疑問は二つだ。

事故現場へ最初に到着した海洋警察は、なぜ窓のなかに見える数百人の乗客を引っ張りだそうという積極的な救助をしなかったのか？　そしてまだたくさんの人が生きている可能性の高い沈没直後、数時間にわたる潜水で救助しようという努力をしなかったのか？最初の質問のもっとも簡単な答えは恐怖かもしれない。六千トンを超える船が四十五度ほど傾いて転覆する状況で、人間なら当然感じるであろう恐怖のせいなら説明がつく。水が漏れる隙間もなく海を守るという海軍のスローガンに慣れた人は、この状況に納得がいかないかもしれない。だが海洋警察の一二三警備艇はこうした大規模な災難に備えた訓練をしたこともなく、近隣にいたところをたまたま通報を受けてきただけだった。そんな一二三艇が、うっかり現場の指揮を引き受けてしまった。

さあ、常識的にこの状況を理解することのできる手掛かりを探してみよう。

まず、木浦海洋警察の署長が四回にわたって下した、乗客の退船措置命令に応じなかったこと。署長の指示が現場で通らなかったのは下剋上といえば下剋上だ。なぜそうしたのか？　現場にいた一二三警備艇の海洋警察が怖気づいたから？　のちにどんな形であれ明らかになる下剋上をそんな恐怖心ごときで公務員の組織が、それも海洋警察のような軍隊式の組織が簡単にやらかすだろうか？

「一二三警備艇がパンパンという汽笛を鳴らしながら、漁船を進ませなかった。あの大きな船と一緒にひっくり返ったら危ないから。でも転覆までもう少し時間がかかりそうだったし、何より三階の廊下の後方に人がしがみついてたんだ。早く出てくれれば助かるのに、水が怖くてなかで耐えていた。だからフィッシュハンター号の船首をとにかく突き出して、早く出てきてくださいって掴み出した」

——助けてと叫んでいた子どもたちを思うと……「酒なしでは眠れない」

（フィッシュハンター号　キム・ヒョンホ船長インタビュー）『ハンギョレ』二〇一四年五月二十五日

当時、セウォルの周囲にいた民間の漁船、フィッシュハンター号のキム・ヒョンホ船長をはじめ、彼とともに海へ出ていたテソン号のキム・ジュンソク船長は、一トンを少し超える小型漁船で四十五人もの命を救った。彼らは共通して、一二三警備艇の接近禁止命令を破って、セウォル号に向かったと述べた。つまり一二三警備艇は自分たちだけがセウォル号のなかに入らなかったのではなく、他の船の接近も遮断した。なぜか？　もし一二三警備艇が本当に状況に怯えていたのなら、逆に漁船や他の船に責任を預けないだろうか？自身が積極的に救助しなかったのは怖気づいたせいだとしても、他人も救助できなくさせるのは理解しがたい行動だろう。

これは一二三警備艇が、二次被害の責任の所在に神経を使ったためだと説明することができる。皆さんが当時の一二三警備艇の艇長だと考えてみよう。

事故の発生は、とりあえず自分の責任ではない。現場の救助官になったのも自分の責任ではない。たぶん警備艇の艇長にまでなる人間なら、今からでも船内に入ればもっと多くの人命を救えると予想しただろう。だがその過程で誰かが死ぬ二次被害が起きたら？ そのときは自身にも責任が生じる。他の船舶が接近すると、スクリューなどで海に浮かんでいる脱出者も危なくなるとしたら？ すでに四十五度以上も傾き、いつ海に沈むか分からないセウォル号周辺の渦流に傾いて、他の小型船が一緒に沈没する二次的な事故が起きたら？

それで何人かが犠牲になったとしても、より多くの人命を救助するべきではないのか。そうした「妥当な計算」を合理的と考えるだろうが、こういう計算はうまくいかない。「じたばたしているうちに、罪のない人びとばかりもっと犠牲に……」のような考えがまず浮かぶこともあるだろう。

もちろん私たちは、一二三警備艇の艇長の計算について知りようもない。だが彼の決定を理性的に理解するなら、完全に自身の責任になるであろう二次被害の回避を選んだのだ。

　このように理解すると下剋上も説明がつく。とにかく現場での二次被害を最小化するのが自身の役割だと指揮官が判断したのなら、次はどう対処しなければならなかったか？現場が危険だという艇長の判断は、木浦海洋警察の署長の指示では簡単に変わらなかっただろう。それでは、その判断は誰なら変えることができただろうか。より高い位置にいる人間、より多くの権限を持った人間、より責任能力が高い人間が必要だ。だが現実にはそういう人間はいなかっただろうし、存在したとしても上への段階を踏む間に船は沈んでしまっただろう。

　二〇〇三年二月十八日に大邱《テグ》で起きた地下鉄放火事件（二〇〇三年二月一八日大邱地下鉄でおきた。一九二人死亡、一四八人負傷）は、大統領府の国家安全保障会議（ＮＳＣ）で総括する危機管理センターを構築するきっかけになった。当時は大統領当選者の立場だった盧武鉉元大統領はこのときに受けた強烈な印象から、韓国でもっとも強力な組織である国家安全保障会議に危機対応の機能を遂行させることになった。二〇〇三年六月二十五日、世にいう「大統領府地下バンカー」と呼ばれる危機管理センター状況室ができた。ここには主な海域と原子力発電所などをリアルタイムで見ることのできるシステムが設置されており、現場に出動する救助ヘリ、船舶と直接連絡をとることができる。

　時間を二〇〇八年まで巻き戻してみよう。李明博政権の引き継ぎ委員会がＮＳＣの事務局を廃止、危機管理システムを無くしてなかったらと仮定してみよう。セウォル号の事故が起きると同時に国家情報院より先にＮＳＣへ連絡が行っただろう。セウォル号までは分からないとしても、一二三警備艇の艇長に直接の指示が出されていた可能性は高い。そして何があっても船内に進入せよという命令がＮＳＣから直接出されていたら、セウォル号の惨事は、はるかに少ない被害者のみで初期に収拾されたことだろう。少なくともその程度の時間はあった事件だ。

この事件が沿岸旅客という公共交通と、うまく作動しなかった管理の問題が積もり積もって起こったことはまちがいない。だがそのときの現場はきちんと指揮したり、監督したりできない状況だった。もしかすると思いどおりに作動しなかったかもしれないが、現場を指揮、監督できるシステムはあったのにそれを廃止してしまったのだとしたら、責任を問わねばならない。

そうした点から問題は、盧武鉉政権時代にあったものをとりあえず無くしてみようというやり方をとった、その次の政権にあると見るのが妥当だ。一二三警備艇の艇長が「海上捜索救助マニュアル」に基づいて現場の指揮をとったとしても、二次被害の危険を本人の責任で甘んじて受け入れて、より多くの乗客を救助するという判断は下せなかったかもしれない。その可能性はつねに存在する。リスクを受け入れ、政治的に下される判断が必要だ。機能的な判断と政治的な判断の隙間を埋めるためには、地位の高い指導部が必要なのではないだろうか。

韓国地方行政研究院は大統領府が災害管理を預かっているのは効果的ではあるが、政治的な負担が残ると指摘している。事実上同じことだ。政治的な負担があるから、実質的な権力がさらに与えられる。政治的な負担がなければ形式的な権限しか残らない。今の政府はセウォル号の惨事のために海洋警察を解体するといった。これは技術的な面からもいい方法ではない。すでにあったシステムを復旧して再稼働するのと、海洋警察の枠組みを揺さぶって新たなシステムを作るのと、どちらが簡単だろうか?

二つめの疑問に移ろう。水温から考え出された三時間だろうが、船内に空気が残る「エアポケット」と呼ばれる空間で耐えられる一～二日だろうが、なぜセウォル号が沈む時点で誰も救助できなかったのか、これについても考えねばならない。口には出さなかったが、船が沈んだら四十メートル下にいることになる人たちがたとえ生きていたとしても、船から連れ出すのは非常に困難だったはずだ。潜水の装備を身に着けても、減圧をして上がってこなければならないからだ。

だが本当に救おうと思ったのなら、大統領が総指揮をとってでも装備と人力を総動員しなければならない状況だった。必要ならアメリカや中国はもちろん、日本の自衛隊の支援でもいいから受けることはできた。その日の午後が、誰かを助けるために何かをしなければいけない最後の瞬間だったはずだ。だが軍をはじめとする全国レベルの総動員令と近隣国家への支援要請はなかった。

セウォル号から明らかになった不完全な危機管理システム、状況判断の失敗、これは完全に政府の責任だ。二〇一四年四月十六日から、私たちの日常は安全になるのだろうか？安全にはならないというのが悲しみと怒りの真の正体だ。今、私たちの沿岸を行き交う船もセウォル号のように幽霊船に変わりうるということ、危機が迫ったとき、どんなシステムも機敏に対応できないということ、このままではそうした状況がいつまでもくり返されるのではないだろうか。

第三章

幽霊船が漂泊する国

時間の経過とともに段々と発展していくのが一般的で普遍的な常識だ。

だが韓国社会は、時間の経過とともに悪くなる一方で、事故が起きるたびにシステムは悪化の一途をたどるという、奇妙な状況に置かれている。

これは目が覚めても覚めない悪夢のなかの悪夢のようで、降りようとしても降りられない幽霊船の構造と同じだ。

1　飛行機に乗るか、船に乗るか

二〇一三年七月六日、仁川空港を出発したアシアナ航空所属のボーイング機がアメリカのサンフランシスコ国際空港に着陸する際に事故が発生した。この飛行機に乗っていた乗務員を含む三百人のうち、三人が死亡した。この有名な事故は、事故そのものより着陸に失敗した飛行機から最後まで乗客を脱出させた客室乗務員の女性たちの活躍で有名になった。

事故直後、私は客室乗務員だった韓国航空専門学校航空運行科のイ・スミ教授にインタビューする機会があり、もう少し具体的な話を聞くことができた。特に航空会社の女性客室乗務員の非常訓練に関する話を聞いた。

客室乗務員は、最後まで残った乗客がいないか確認してから脱出する。最後に出るのはもちろんのこと、外に出てからも、もしかしたら爆発するかもしれない機体から適切な距離まで乗客が離れたか、確認する作業までが客室乗務員の義務だ。

もっとも驚いたのは「九十秒ルール」だった。非常時に飛行機の全ての脱出口から全員が九十秒以内に脱出できると認められて、ようやく商業的な運行の許可が下りるということだった。客室乗務員の危機管理の原則も二次爆発や有毒ガスの発生などを考慮して、九十秒以内に状況を終了させるように訓練を受けるとのことだった。

こうした安全訓練の内容は書類上の形式的なものにすぎなかったり、壁に貼り付けただけのスローガンだったりするかもしれない。だが二〇一三年に起きたアシアナのサンフランシスコ空港着陸失敗は書類上のものだけと疑うこともできる一連の規定が、実際に実行されていることを確認させた事故だった。負傷しているにもかかわらず乗客を背負って走った客室乗務員が、最初の爆発の危険が去った後、魂が抜けたように空港の滑走路で立ちつくす姿は、それが当然の義務だとしても多くの感動を与えた。

個人的に私がもっとも驚いた点は、女性客室乗務員の英雄的な活躍ではなかった。わたしは疑り深い。どんなに優れたスローガンだとしても、現場ではまったくちがう形で実行されるケースもたくさん見た。英雄的な活躍をした者も状況が変われば、予想とはまったく異なるやり方で対応するのも目撃した。イ・スミ教授とのインタビューでもっとも驚いた部分は、女性客室乗務員が海洋事故に備えて普段から行っている訓練の方法だった。海に落ちる状況に備えてどんな訓練をするのかと質問すると、彼女は雨風から嵐まで再現できるプールを持っていると答えた。すべての航空会社がそうなのかと問うと、国際規格に準じた航空運行をしている航空会社なら、その程度の練習用プールは持っていると答えた。

それならば、実際に海上を航海する船舶の乗務員はどうだろう。韓国の船会社の職員たちは、全員が普段からプールで避難訓練を受けているのか。そんなはずがない。一方で実際に海へ落ちる確率は限りなく低い、航空会社の女性客室乗務員は社内のプールで救助訓練を受けているとは、これをどう説明することができるだろうか。

二〇〇五年の夏、大韓航空とアシアナ航空のパイロットがストライキに突入した。彼らの主張は次のとおりだった。

　大韓航空のパイロットは▼長距離フライト（八～十二時間以上）の際は、現地での休息時間を二十四時間前後（現行）から三十時間以上を保障▼深夜のフライト（片道五時間以上）時は最低で三十時間以上の休息を保障▼フライトシュミレーターの審査を年二回から一回に減らす▼定年退職を（現行五十五歳）五十九歳に延長などを要求している。

（大韓航空—アシアナ航空、パイロット労働組合ストライキ賛成『ヘラルドＰＯＰ』二〇〇五年六月二十九日）

このストライキは貴族の労働組合のエゴだと大きな批判を浴びた。弁護士、医師、教授に次ぐ高収入を得ているパイロットがストライキとは。普段は労働組合の「団結闘争」に友好的な者も強い反応を見せた。

だが人びとが特に注目したり、記憶したりしなかった部分がある。パイロットたちのストライキの名分が「安全」だという点だ。過度のフライトで休めないから、安全な飛行のためにスケジュールを調整してほしいというものだった。だがほとんどが「安全」という名分を軽く考え、無視した。貴族の労働組合がさらなる報酬のために掲げた、旗印のための旗程度と見なしたようだ。もしかするとそうだったかもしれない。だが客観的な事実は、彼らが安全な飛行のために自身の解雇すら覚悟するストライキを行ったということだ。これは簡単なことだろうか。

いずれにせよ大韓航空とアシアナ航空のパイロットが、貴族階級の労働者と批判を浴びながら航空安全を名分にストライキを続けているとき、高速鉄道のKTXは航空会社並みの待遇をうたって募集した、女性乗務員の賃金を減らせずに苦心していた。損益分岐点が合わないからと最初にとった措置が、彼女たちを正社員から契約職にするというものだった。最初に言った条件とちがうではないかと、それなりに才媛のなかの才媛である彼女たちが、やすやすと引き下がるはずがなかった。この闘いは結果的に引き分けで終わった。女性乗務員はあっけなく解雇され、必要なときはいつでも呼べて、いつでも追い出せる契約職の代わりに子会社の派遣社員になった。

今の視点からもう一度考えてみよう。航空会社のパイロットと乗務員は、自身の命をかけて一日一日を生きる正社員として頑張っている。彼らは万が一にも起こるかもしれない海上への非常着陸のために、自社のプールで乗客を救出する訓練を行う。これに比べてKTXは一部の乗務員だけがそうした訓練を受けているだけでなく、訓練を受けていない人間が運行する区間や、無人化した区間を徐々に増やしている。また飛行機と同じように乗客の安全に責任を持つ乗務員は、すべて契約職になった。普段の業務では特にちがいはないように見えるが、列車が脱線するなどの予期せぬ事故が発生したとき、この差は思った以上に大きいはずだ。当然ではないだろうか？

それなら船は？　清海鎮海運が二〇一三年に教育訓練費として使った費用は五十四万一千ウォン（日本円で五万円ほど）だ。もし本当に教育を行ったのなら、職員が昼食に食べたチャジャンミョン（韓国のジャージャー麺）代にもならない。書類に何か記さねばならなかったので、適当な数字を上げたというのが現実に近いだろう。仁川—済州というセウォル号の路線は、国内の船舶のなかでもっとも長い。韓国の枢軸といえる船を運行する船会社が、乗務員の非常訓練のために使った金額がこれでは話にならない。

ではこれは清海鎮海運だけの特殊な状況なのか？　他の海運会社も大して変わらない。

沿岸旅客でない中国など海外へ向かう国際旅客船を扱う会社が支出した教育訓練費は、一千万ウォンを少し超える金額だ。国際基準に合わせたのだろうが、本当に最低限の費用だ。

二〇一三年十二月基準で、韓国の内航客船の船員は全部で八百二人。そのうちの七十五%にあたる六百二人が非正規雇用だ。正社員の船員は二百人にすぎない。もちろん航空会社にも非正規雇用の社員はいる。大韓航空の場合、二〇一二年末の基準でパイロットが二千二百二十四人、客室乗務員は五千七百八人が勤務しているが、客室乗務員に非正規雇用はまだいない。外国人パイロットは、十五%ほどが非正規雇用で働いている。パイロットと客室乗務員の派遣を許可してほしいという意見もあることはあるが、これまでのところ船舶のように全面的に非正規職を雇用してはいない。

飛行機と船のちがいはこれだけではない。飛行機は一次市場、二次市場といった概念はない。だが旅客船の場合は日本、韓国、そして中国と東南アジアという三段階の市場が形成されている。新しく作られた船は日本が使う。十五年ほど経つと船を買うのに金を貸した日本の金融機関が、船の危険性が高まってきたからそろそろ売却するようにひそかに圧力をかけはじめる。まだ運行には問題がないが、万が一事故でも起きたら「貸し手」の損害は並大抵ではない。日本の船主たちはこの時点で、船を中古市場へ放出しはじめる。この中古で購入した船を改造して使える道は、李明博政権の時代に開かれた。すでに韓国は旅客船の二次市場だ。韓国で三十年まで使うと、船は再び東南アジアの各地に売られてゆき、五十年ほど運行する。もちろん三十年まで韓国が使うというのは、現在の制度上そうだということで、いざそのときになったら、もう一度使用期限を延長しないという保障はない。

それでは東アジアの旅客船市場で、なぜ韓国は二次市場になったのか。本来の韓国は旅客船では一次市場だったのに、国民所得が増えだすとむしろ二次市場になった。国が経済的に豊かになると徐々に一次市場になるのが自然な流れだが、韓国はその反対だ。理解しがたい。よりよい生活をするようになると、その国の国民がもっといい車に乗るように、船も新しいものに乗るべきではないのか。

李明博政権は船齢（船舶の年齢、新しく作られた船が進水してから経過した年数）を徐々に延長させた。古くなった船が運行され、エンジンの検査に関する規制も緩和した。貨物の規定、船員に関する規定も徐々に緩和された。朴槿恵政権も同様だ。「危険が生じる場合を除いて」一等航海士が船長の代わりに船舶の操縦指揮をとれるようにした新しい船員法の施行令の改正案は、よりによってセウォル号の惨事が起きる前日の四月十五日に公布された。もしセウォル号の事件がなかったら、現在は三十年の船齢制限も同様に延長されていた可能性が高い。そしてそれに合わせて安全検査と報告書の基準、または検査義務なども緩和されていただろう。

これは前政権から現政権まで、企業が求めるとおりに聞いてやれという政策の基礎が強化されたためだ。乗用車は四年が過ぎると、二年に一度ずつの定期検査を受けねばならない。十一人乗りのバンは毎年検査を受けなければならない。道路は個人の所有地ではないし、道路で起きる事故は一人だけの事故ではない。だからお互いの安全のために取り入れている制度だ。十一人乗りのバンを所有している人は、どうせ自動車なんてどれも似たようなものなのに、なぜ自分だけ毎年の検査を受けなければいけないのかと不満を持つかもしれない。だがより多くの人を乗せる車は、いっそう厳格に管理するのが常識だ。だから不便なことも受け入れる。だがはるかに大勢の人を乗せる旅客船が、バンのレベルにも満たない検査しか受けていないのだ。

飛行機は国内だけで営業する分野ではないため、開発途上国のいくつかの特別なケースを除いて運送の分野では最高レベルの安全管理が行われる。韓国から外国に運行する船も実際は安全だと言いがたいが、国際条約によって最低限の安全は守るふりをしている。だが自国の政府が管理する沿岸旅客船は、個人が運転する乗用車ほどの管理もできていない。

韓国は世界で最高水準の造船技術を保有しているのに、古い船に乗っているのだ。これを知ってからとてもではないが、家族を連れて韓国の沿岸旅客のフェリーには乗れなくなった。どこかに行かなければならないとき、運送手段として船と飛行機の両方が可能なら、私は何があっても飛行機を選ぶ。飛行機に乗るときも国籍と航空会社を考慮する。アシアナ航空と大韓航空があったとしたら、私はアシアナを選ぶ。これまでに私が得た情報ではそちらがより安全だからだ。

済州島に行くときも飛行機に乗り、どうしても乗用車が必要な状況なら空港でレンタカーを借りた。こうする理由は何よりも、私が臆病だからだ。

こうした個人的な偏見と好みはさておき、私が韓国のある高校の教師だとして、セウォル号や似たようなフェリーで生徒の修学旅行に行くかどうかを判断、または決定できる立場だとしたらどうしていただろうか？　それでも答えは同じだ。より多くの人間が行く旅行だからこそ、いっそう安全を考慮すべきなのが常識だ。少なくとも韓国で飛行機と船、どちらの手段が安全かは十分に語りつくした。

ここで私たちが注目すべきは、飛行機か船かという二者択一ではない。すでに韓国では特殊な目的や貨物を運送する目的でなければ、船に乗るのが非常に危険なことになったという点だ。それは二〇一〇年から翌年にかけて起きた。では今後はどうだろうか？　最低でもセウォル号の悲劇的な状況のあと、均衡を保っているか、極度の危険は乗りこえているのではないか、そう考える人もいるだろう。だがそれはちがう。ここまで指摘してきた問題の数々が変わる確率は非常に低いからだ。少なくとも今後十年は、韓国の船が飛行機と同じくらい安全になることはないだろう。

だからといって、何もしないわけにはいかない。少なくとも、もっと危険になる状況は避けなければならないだろう。セウォル号の惨事を語りながら船舶の安全性に関する話をここまで強調する理由は、正にこのためだからだ。これ以上危険性が高まらないよう、やるべきことは何なのか知らなければならない。第一に、船についての話をもっとすべきだ。

二〇一三年基準で、韓国で唯一の運送手段として船を利用しなければならない人口は三百五十万人（延べ人数基準）に至る。修学旅行なら船に乗らなければすむ話だろうし、他のビジネスが目的なら船でなくとも代替手段を選択する余地がある。だがこの三百五十万人はどうするべきか。これは沿岸旅客を利用する人の二十二％にあたる。彼らは船に乗らないわけにいかない。韓国で公共交通機関というと、船と飛行機は除外される傾向がある。だがもし皆さんが済州島のようなところに住んでいたら、船や飛行機は公共交通機関ではないとは言えないのではないか。その上、韓国は三面を海に囲まれ、島に居住する人口が多い。彼らにとってはバスでも、乗用車でも、汽車でもない、船だけが唯一の交通手段だというケースもある。私たちが安全を考えるべき人のなかには、船で修学旅行に行く予定のある生徒だけがいるわけではないのだ。

2　私たちはみなぼんくらだった、ほぼ全員が

心通わせ思いやり、創意に満ちた民主市民の育成　ソウル特別市教育庁
件名：済州の船路を利用する修学旅行案内
一．釜山地方海洋港湾庁、済州海洋管理団─七九八二（二〇一一．九．二十二）号への協力です。
二．釜山地方海洋港湾庁では二十一世紀、海洋の時代を迎え、海への親近感と海洋に挑戦する開拓精神の養成、比較的安価で旅行の醍醐味を味わえる旅客船での旅行を推奨するとのことなので、各学校は修学旅行を計画する際に参考にしてください。
添付．旅客船利用のＰＲ案内文一部。以上。
ソウル特別市教育監

二〇一一年九月頃、全国の教育庁にこのような公文が回った。修学旅行は済州に船で行くことを「参考に」しなさいという公文だ。釜山地方海洋港湾庁と済州海洋管理団、つまり釜山と済州島の船を担当する部署から、できれば修学旅行のときに船を利用するようにしてほしいという協力の要請だ。各教育庁ではこの公文書を、現場の用語で言うところの「トス」するやり方でばらまく。

日付を見て呆れた。当時ソウル市の教育監だった郭魯炫が相手候補の買収容疑で拘束令状が発布されたのが二〇一一年九月十日。その日から郭魯炫は教育監としての職務執行が停止され、復帰したのが二〇一二年一月二十日だ。釜山と済州島の港湾当局から主な教育庁へ送られた、いわゆる「トス」をしてくれというこのいくつかの公文は、のちに新たなトレンドを作り出す。教育監が不在の間に、教育監の名前で各学校に公文が飛ぶという奇妙な出来事が起きた。なぜこんなことになったのか?

一番目はそれこそ経済的な状況だ。二〇〇四年以降、世界は原油高の影響を受けるようになり、石油を基盤とする経済活動を行うほとんどの企業が困難な状況に陥った。そしてLCCが登場した。LCCよりは高いがはるかに楽しくてロマンを前面に押し出していたフェリーにも危機が迫った。

釜山地方海洋港湾庁は二〇一一年九月に、高校の修学旅行でもいいからどうか送ってほしいと全国の教育庁に訴えたが、こうした流れを押し返すことはできなかった。二〇一二年五月三十日、旅客と荷物を同時に輸送していた、そして韓国のフェリーを代表すると言っても過言ではない釜山─済州路線のフェリー運行が中止される。

もちろんこれは一種の文化的資産だ。こうした路線を経済性という論理だけで閉鎖することには反対だが、確かなことは、ほとんどのフェリーは国内で旅客運送の経済性を失ったという点だ。

だから形式上は旅客運送だが、実際は過積載を黙認しながら物流を担当する貨物船として運行する以外に方法がない。上には一般の飛行機、下にはＬＣＣがいる。旅客での経済性は足元にも及ばない。修学旅行でも引き受けてもちこたえようとしたのだ。

こうした事態は韓国だけで起きたわけではない。私たちはカーフェリー、またはフェリーと呼んでいるが、一般的にＲＯＲＯ船（Roll on Roll off Ship）と呼ばれる、車両甲板があるカーフェリーをどうするかという問題に各国は神経をとがらせていた。あまりに事故が多く、今後さらに多くの事故が起きると予想されたため、国際海事機関ＩＭＯ（International Maritime Organization）は、長きにわたってＲＯＲＯ船の退役を奨励している。その始まりが一九九七年頃だった。そしてやはり韓国でも、ＲＯＲＯ船の西海フェリー号沈没（一九九三年全羅北道扶安群蝟島でおきた沈没事故。乗員乗客三百六十二人中死亡行方不明二百九十二人）という悲劇的な事故が起きた時期が一九九三年だった。

他国もだからといって、これに代わる特別な方法があるわけではなかった。陸地から遠く離れた島で、人と一緒に貨物も簡単に載せて行けるRORO船を放棄することは簡単ではなかった。船の前に車をずらりと並べ、クレーンで一台ずつ船上に引き上げると考えてみよう。費用だけでなく時間もかなりかかる。

だからRORO船を維持すべきだというカナダやスコットランドなどの国では、公営化を導入して政府の支援をさらに投入した。費用と安全のすべてを維持しようという、複雑な行政が行われた。日本の場合はセウォル号の一件で見たように、国際的、または商業的に広く使われている技術的、経済的な寿命とは関係なく、船の運用期間を短縮するやり方で危険を減らした。韓国はより多くの荷物を載せて経済性を高める方法で対応したが、釜山―済州路線で見たように、それでも十分ではなかった。そこで高校生の修学旅行という国内でも可能な新しい需要の開発に乗り出したわけだ。

それでは釜山地方海洋港湾庁と済州海洋管理団から提案されて教育庁に伝達された、この協力を依頼する公文の企画者ははたして誰なのか？　こう質問せざるを得ない。だがこの公文では、そこまで深い話を探り出すことはできない。いずれにせよ、さまざまな理由からフェリーなど沿岸旅客の経営が危機に陥ったので、修学旅行を誘致することでこの危機を克服しようと言いだした人間が存在するはずだ。それは誰か？　知ったところで何になるだろうか？　この公文を作ることが、結局は数百人を死に追いやることになるなんて、その人間は夢にも思わなかっただろう。

二番目は二〇一一年から二〇一四年五月にかけて、国会で起きたある動きだ。これは多くの偶然のなかのひとつだ。大統領候補だった朴槿恵が大統領選挙の公約に掲げた「クルーズ産業育成案」は結局、就任二年目に「クルーズ産業の育成と支援に関する法改正案」として国会に上がった。主な内容は韓国と中国を行き来する三万トンクラスのフェリーに船上カジノの営業を認めるものだった。偶然にもこの法は、セウォル号の惨事により国会の法制司法委員会に係留され、五月二日にひとまず停止された。

その前までさかのぼると、韓国でフェリーに友好的な政策の環境が形成されていったことが分かる。李明博政権の朝鮮半島大運河は、これを象徴する事件にすぎない。二〇〇八年、アメリカ産牛肉の輸入再開反対に端を発したろうそくデモ（二〇〇八年韓国で行われた米国産牛肉輸入再開反対に端を発したデモ。日没後に行われ、参加者はろうそくに火をともして参加した）をきっかけに、朝鮮半島大運河は推進しないと大統領は宣言した。だが大運河事業は、のちに四大河川整備事業になった土木事業と、五千トン級のフェリーをソウルまで入れようという二つの内容にわかれる。以前の京仁運河、今のアラベッキルがその中心にある。

このすべてが出会う地点こそが、ソウルの龍山をめぐる開発ブームだ。龍山に旅客ターミナルを作り、そこにフェリーが行き交うようにさせ、済州島や釜山のような地方都市を行き来する韓国人はもちろん、中国の観光客を引き込もう、この方法で韓国を再興させようというのが当時の支配層が立てた計画だった。だが漢江には多くの橋があり、三万トン級の船は入ってこられない。漢江の先にも八堂《パルダン》大橋などがあるというのに、どうやって船が通るというのか。

幸か不幸か龍山の開発事業は中断され紆余曲折の末、旅客船ターミナル事業はうやむやになった。政府や政治圏がそのように整理したのではなく、事業を担当していたところが経済的に牽引することができなくなり中止になったのだ。だが完全に破棄されてはいないそうだ。二〇一四年の総選挙でソウル市長候補だった鄭夢準《チョンモンジュン》が、ソウルを再び港にするという龍山開発事業の最初の案を呼びかけていた姿を見る限り、この事業は中止になったのではなく、停止されただけという気がする。中止と停止にどんなちがいがあるのか、初めて考えされられた出来事だった。

考えてみよう。李明博政権の朝鮮半島大運河事業は時が経ち、土木産業の特性が極端に強調された四大河川整備事業になった。これを私たちはみな、両目を見開いて見守っていた。だがその事業の別の軸だった旅客事業は、誰も注意していなかった。私たちはみな、ぼんくらだった。だからこそ死に物狂いで京仁運河を開通させ、大統領の選挙公約であるクルーズ産業の育成案が展開されたのだ。このことが結局、檀園高校の生徒たちにとって罠になると考えた人間は何人いただろうか。

セウォル号の惨事には、偶然というにはタイミングが重なりすぎている偶然が多い。二〇一一年九月に各教育庁が「トス」した公文書などによって一種のトレンドとなったフェリーでの修学旅行と、李明博政権を部分的に受け継ぎ、クルーズ産業育成案を大統領選挙の公約に掲げた朴槿恵大統領の当選、この二つがなければ釜山—済州間のフェリーが再び開通するのは容易でなかったはずだ。経済的な理由で中断されたことが再開されるのだ。そうたびたび目撃されることではない。

こうしたことが起きている間、私たちのほぼ全員がぼんくらだった。当時のソウル市、京畿道はいわゆる進歩系の教育監がいる地域だった。業務にほとんど関係のない釜山地方海洋港湾庁から「修学旅行生をちょっと送ってくれ」という公文がきたとき、学校に伝えることについて、それが簡単でなくとも教育監自らが検証すべきだった。なぜこんな公文がきたのか疑ってみることもできた。何の問題もないのか確認すべきだった。誰かがしつこくこの船の需要の中心だった生徒の立場に立ってみるべきだった。そうした粘り強さがあってこそ、行政という領域でバランスが生じる。だが、そういったことは起きなかった。

教育庁から公文がくると、学校は判断の余地が少なくなる。校長らの裁量で判断したり、保護者が個別に判断したりするしかない。それではこの一連の事態に対し、誰が責任をとるのだろうか？　一連の文書が行き交ったといっても、文書を作成して学校に伝達したという理由では、いかなる公務員も処罰することはできない。しかも当時の李明博政権の方針をあくまでも貫こうとする教育部の長官の命令を受けた公務員が、各教育庁に公文とはちがう「極秘」の方法で協力を頼んだとしたら、さらに処罰する方法はない。

「おい、釜山地方海洋港湾庁からきた公文、適当なタイミングで処理してやれよ」

こんな言葉を聞いたという事実そのものを証明することもむずかしいが、それを根拠に処罰できる方法は韓国にない。そしてその公文をめぐって安全なのか、または安全のためにどんな追加的措置をとるべきか、このような問題を検討する者も見当たらない。

3　三十五万ウォンという金

セウォル号の惨事が発生するや、教育当局は当分の間、修学旅行を禁止するとした。一般人の目からは行政のご都合主義的な発想のように見えるかもしれないが、前述した一連の協力を依頼する公文を考えると、彼らが修学旅行で生徒をフェリーに乗せた張本人なのだ。だから、至極当然の措置といえる。

こうした問題を除き、それでは修学旅行そのものを無くすべきということなのか、こう質問することもできる。「安全を保証する修学旅行」なら行ってもいいのではないか。だが安全な修学旅行は確立として、どれくらい可能だろうか?

ある特定の危険を千分の一としよう。つまり〇・一の確率だ。十人が動くと百分の一、百人が動くと十分の一だ。それでは千人が動いたとしたら? このときの確率は一になる。一人が動くと千分の一の確率も、千人が動くと一、必ず発生する確率になる。機械的な確率論で考えると、大勢で動けばそれだけ危険が高くなる。修学旅行で事故が多いのは、修学旅行が安全に運用されているか否かの問題ではない。これは確率の法則だ。

セウォル号が引き起こした幾多の問題がある。そのなかで高校生の修学旅行をフェリーの需要減少に対処するための供給源と見たこと、これはこの事態が抱える諸問題のなかで、もっとも重要といえる。非正規職の船長を雇用し、貨物を過積載するなどの幾多の問題は他の国でも起こりうる。だが自国の青少年が修学を目的とした短期の旅行を、釜山—済州路線のフェリー運行中止という国家による行為を変化させるための基本要因と見るケースはない。

セウォル号の修学旅行を許可した保護者が負担した費用は三十五万ウォン。少ないといえば少ないし、多いといえば多い金額だ。保護者と生徒の事情を見ると、大変な思いでこの金を工面したケースもある。自分の奨学金で両親に結婚記念の旅行を贈り、残りの金で修学旅行に行ったある女子生徒の話に、悲痛な涙を流さずにはいられなかった。

その三十五万ウォンの一部を地域のフェリー産業の脱出口にしていた、釜山地方海洋港湾庁と済州海洋管理団で実務を担当する公務員の問題を、どうして再び探らずにいられようか。彼らが法的に罪を犯したと言っているのではない。すでに廃止されていた釜山―済州間のフェリーをよみがえらせたのだから、公務員としては有能な人間だろう。彼らに罪を問う方法もないし、そんな気もない。ただ、保護者が修学旅行に送るために払った三十五万ウォンを、私たちが社会的に「どんな金」だと見ていたのか、その視点については一度くらい考えてみる必要があるのではないか。

冷たい言い方をすると、済州―釜山路線のフェリーをはじめ問題になった仁川―済州区間など、フェリーの船主が経済的に苦しい状況にもかかわらず何年か持ちこたえることができた経済的な根幹は、今回のセウォル号に乗船した檀園高校の生徒たちが支払った「個人の三十五万ウォン」の一部だ。多いといえば多く、少ないといえば少ない金額だが、確かなことは政府から出た金ではないという事実だ。保護者の金であれ、生徒がアルバイトをして貯めた金であれ、いずれにしても個人から出た金だ。もう少し残酷な言い方をするなら、修学旅行が減ったり無くなったりして生計が苦しくなったという人びともやはり、この三十五万ウォンの一部をわがものとしている構造のなかにいるのだ。

修学旅行に行くことが「社会的」かつ「教育的」に必要なら、金がなくて修学旅行に行くことのできない生徒に補助金を出してでも、一緒に行くことが正しい。だがそうした深刻な論議が教育界でも、社会でも、進められたことはまだない。

ではこれを、純粋に旅行にかかる費用という観点だけで見てみよう。そうすると今回のセウォル号の惨事で教育当局を動かした公務員がミスを犯した点は、三十五万ウォンのなかに安全に関する費用を払う構造を作らなければならなかったのに、そうしなかったことにある。この船が安全なのか、この経路が安全なのか、この旅行の仕方で安全なのかを校長や保護者へ責任を転嫁する前に、そうした勧告を発送した人間なら当然、自身も現場で起きることを点検しなければならなかった。だがそうしたことはなかった。

ここまではただ学校を信じて修学旅行に送った保護者の信頼が裏切られた、あきれた出来事だとしよう。だが事件が起きてから、この問題が論議されているだろうか。政府は責任者を見つけてみせると、すべてを動員して船主の一族を死に物狂いで追跡している。手を伸ばせば届くところに、この不安な船を利用して生徒たちに修学旅行へ行けと追い出した者たちがいるにもかかわらず、だ。

金にたとえたくはないが、こうした政府の姿は自分が出さなければならない金を払いたくなくて、代わりに支払ってくれる人間を必死になって無様に探しているといったところだ。金という観点だけで見ると、遺族の補償金、捜査費用などを船主や保険会社から受け取れなかったら、この費用は国民が払わなければならない。だとしたら今の政府がしていることは国民の費用負担を減らそうと、請求する相手「兪炳彦《ユビョンオン》一家」を懸命に追跡しているということになる。これでは政府ではなく「解決屋」ではないか。私が抱えている苛立ちは、すでに払うことになっている金を政府が払おうが、運よくかき集めることができた船主の隠匿していた資産をあてようが、それは国民が政府に要求する「基本的な解決」ではないという点だ。とにかく、逮捕に成功してすべての費用を船主が支払い、求償権の行使が完璧にできたとしよう。それが韓国沿岸の船が安全になること、色々な形の修学旅行が安全になることと何の関係があるのか。経済学者の観点から見ると、これこそ開いた口がふさがらない。

　問題の渦中で教育部が発表した二学期からの修学旅行再開をめぐる論争は、再び根本的な問題を考えさせることになった。人間は後ろめたいと自然にぼろが出るとは言うが、生徒を修学旅行に追い立てた教育当局が、とりあえず修学旅行を中止させたのは適切な措置だ。セウォル号の惨事が起きたからといって、次の月に同じ事故が起こることはない。だからといって何もしなければ、それは公務員でも企業でもない、ただのバカだ。では中止させた次にどうするのか？　こっそりと、あるときからまた送りだせばいいのか？

修学旅行に問題があって中止にさせたのなら、次は社会的な論議が必要だ。だが玄昨錫《ヒョンオソク》経済副首相など多くの公務員の口を借りて政府が流しはじめた話を総合すると、修学旅行に関係している企業が苦しいという理由から、そのうち修学旅行を再開するものと見られる。私たちがよくマフィアと呼ぶ経済系の公務員が教育当局に圧力をかけ、セウォル号の惨事があってから経済状況が苦しくなったので、いったん修学旅行を再開しろというものだ。修学旅行再開の発表が教育部長官の口から出ようが、特定の地域の教育監の口から出ようが、基本的には経済関係の省庁からの圧力によるものだと見なければならないようだ。

セウォル号の惨事を修学旅行という観点で整理すると、この不幸な出発は保護者が出した三十五万ウォンを分配してわがものにする事業を国家が教育という名のもとに保障してくれた、というところにある。これと関連して、フランスの「スキーバカンス」論争を合わせて探ってみよう。

長いこと右派が掌握していたフランスの政権は二〇一一年、左派系のフランソワ・オランドが大統領に就任した。だが彼は、主な支持層の傾向とは異なることを始めた。そのひとつとして、普通は十二月から二月にかけて一週間ほど与えられるスキーバカンスを無くそうとした。オランドの考えはフランス国民の年間労働時間を増やすことで国の生産性を高め、これによって失業率を下げるというものだった。もちろん労働者階級は反発した。だがこれは、労働者階級だけの問題ではなかった。スキーバカンスが縮小されると立ちどころに経済的な打撃を受けるのは、スキー場の経営者だった。また地域のホテル、スキーに関係のある企業、観光産業に従事する者の利害が複雑に絡みあっていた。

ヨーロッパにおいてスキーは、いわゆる国民的スポーツだ。だから企業や公務員はもちろん、中学高校から一週間ずつ休みを与えられてスキーに行ってくるというのは非常に一般的なことだ。また都市に比べてたち遅れている山岳地域の主要な収入源でもある。だが一九九〇年代から、スキーが生態系に悪い影響を及ぼすという面が浮き彫りになりはじめた。このためヨーロッパの緑の党はスキーに反対しており、山岳地域で開かれる冬季オリンピックの開催も反対している。

だが環境を理由とするわけでもなく「経済を救う」一環としてスキーバカンスを無くす？　それとも「経済を守る」ためにスキーバカンスを守る？　環境と生態の価値を掲げるヨーロッパの労働組合が、典型的な生態系の敵といえる業種のスキー場、それも資本家と手を結ぶのは居心地が悪かったことだろう。結局、旅行会社、スキー場、労働組合が力を合わせ、スキーバカンスを守り抜くことができた。形は少しおかしいが、いずれにせよフランスがこの過程で社会的合意といえる論争と手続きを踏んだという点は重要だ。

それでは私たちの修学旅行はどうだろう？　そうした理由が社会的合意になりうるだろうか？　まず安全性の面から探ってみよう。スキーは骨折など、たくさんのケガがともなうスポーツだ。安全だとは言いがたく、金も少なからずかかる。「安全なスキー場」という言葉そのものが成立しない。だが少なくともスキーバカンスのあいだ、個人は自己責任のもとに旅行とスキーをする。事故が起きても個人が不満を持つことはない。

だが韓国では、教育当局が高校生にフェリーでの修学旅行を勧告する「決定」を下した。事実上、当事者である高校生には選択権がない。ただ行くのだ。船で行くのか、飛行機で行くのかという問題も同様だ。船主は港湾庁と済州にロビー活動を行い、港湾庁と済州は教育庁にロビー活動を行うといった具合に、実際はロビー活動の輪だけが存在しており、論議の段階は存在していない。こう疑問に思うこともできる。すべてを論議せねばならないのか、と。ここで言いたいことは、決定が正しいのかまちがっているのかを判断するためではないということだ。結論がどうであれ、少なくとも論議というものを行えば予防の効果はある。だから面倒に見えてもこうした段階を経なければならない。そして社会的な論議がなされれば、個人では知りがたい情報が集まったり、明らかになったりするため、より合理的な判断を下すことができるようになる。

もしソウル市教育庁などの当局が釜山地方海洋港湾庁からきた協力依頼の公文を、各高校に「トス」する前に社会的な論議を一度でも行っていたら、どうなっていただろうか？

当事者である高校生と保護者が論議の過程で後ろに追いやられている、今と同じ状況になっていただろうか？　少なくとも清海鎮海運の経営状況に関する資料を、一度でも手にとって見ることができていたら、それで保護者が一人でも危険を感知することができていたら、そしてそれが世論になり記事にでもなっていたら、事件は起きなかったかもしれない。なぜそのような考えができなかったのか。

今、経済のために修学旅行を再開しようという主張は最初にセウォル号の惨事が起こったときの理由と同じものだ。もし公文がなかったら、どうなっていただろうか？　修学旅行の需要はなかっただろうし、もっとたくさんのフェリーが運行を停止したり、乗客を乗せない貨物専用に転換したりしただろう。そうすれば沿岸旅客の再構築についての論議が登場しただろうし、政府がもっと支援して維持するなり廃業するなり、どんな方法であれ、方向を転換していたことだろう。

普通、生徒数が減ると学校は廃校になる。子どもたちにとって必要不可欠な学校は無くしておきながら、民間企業の利益はその企業と関係のない、保護者の懐から出た金で補てんしてやる。それがセウォル号の惨事を招いた。つまり韓国政府は、学校よりも沿岸旅客のほうがはるかに重要な国家機関の施設だと判断したように見える。修学旅行を再開しようという今の理由も同様だ。政府は子どもたちの安全という公共の事案より、地域の商売の権利という私的な利益の方に高い優先順位をつけているのだ。しかも政府のこうした優先順位は、社会的な優先順位とも一致していない。

だがセウォル号の事件以降、高校の修学旅行をめぐる問題が少しは改善されたのではなかっただろうか、と考える方々には申しわけないが、変わったものはない。あのときも安全でなかった船が、今だからといって安全になりはしない。少なくとも船に関していえば目に見える措置はまだとられていないし、社会的な論議もほとんどないに等しい。私たちは今もまだ、セウォル号に乗っているのだ。

4 なぜ私たちは、日本の中古船に乗ることになったのか

経済学者は韓国と日本を比較する作業をしばしば行う。日本と韓国との関係を一文で表現するなら私たちは日本より貧しかったが、今や格差はかなり縮まったといえるだろう。だが船、造船業においてはこの関係が、よりドラマチックなものになる。

大和は巨砲時代の最後の艦船として、日本が太平洋戦争の不利な情勢を覆すために心血を注いで作った戦艦だが、太平洋戦争の終盤にキャリアーという航空母艦の時代が開かれ

ると、そうした大型戦艦が活躍する場は消えた。その大和を作った都市が呉だ。広島の衛星都市の呉市は、戦艦大和などの軍事物資を作るところだった。呉市がある広島は結局、最初の原子爆弾が投下される地域になり、ここに多くの朝鮮人労働者が強制的に連れて行かれ、原爆の被害に遭った。日本の造船業を象徴する都市の呉に没落の道を歩かせたのが造船だ。一時は太平洋を支配する船を作っていた呉市は、韓国の蔚山や巨済《コジェ》の造船所に押され、廃れた都市に変貌した。いつか巨済も中国や他の都市に押され、日本の呉市のような困難を味わうかもしれない。

ともあれ現在の造船業を見ると、韓国と日本の関係は逆転した。韓国が世界の造船業を牽引し、日本は韓国が受注しなかった船を獲得しているが、それすらも中国に押されている。「日本より韓国のほうが船を作るのは上手い」。ありとあらゆるPR番組で、どれだけ強調したことか。

船はもちろん、この十年で韓国と日本の色々な分野での経済的格差はかなり縮まった。国民所得で見ると日本との差は二倍ほどだ。しかし世界規模で展開しているスターバックスのコーヒーの価格は、韓国のほうが高い。マーケティングの観点から見ると、一般市民の支払い能力が日本と近いか、それより高いということだろう。造船業のような同一産業でも、日本より韓国のほうが先を行っている。韓国人は日本の統治時代に強制労働で連行され、一九八〇年代の日本が世界の自動車市場でめざましい躍進を遂げているあいだ、韓国は自動車生産でよちよち歩きをしていたことを考えると、これはすごいことだ。もちろん二〇〇八年の世界金融危機以降、アメリカの自動車メーカーが危機に陥り、日本の自動車産業は世界一位になったが、全体的に見ると自動車産業でも韓国と日本の格差は確実に縮まったといえる。

それでは船舶業はどうだろうか？　二〇〇九年以前、韓国は日本と同様に船舶の一次市場だった。新しい船を作って乗る国を一次市場と呼ぶ。私たちは今より貧しかった時期にも、日本の中古船を買って運行しなければならないほどではなかった。だが二〇〇九年に李明博政権が船齢を二十年から三十年に延長できるという道を開いてから、韓国の沿岸旅客は日本の二次市場になった。しかも中国の船齢は二十八年だから、機械的な数値だけを比較すると韓国は現在、中国よりも下にいることになる。韓国と中国を行き来する国際フェリーの老朽化問題を両国が協議したが、両国の船齢が二十八年と三十年だったために決裂した。これは一体、何事なのか。ここで旅客輸送の推移を探ってから次に移ろう。

二〇〇九年を頂点に韓国の旅客輸送は低下の一途をたどるが、船で行く修学旅行が本格化するとしばらくのあいだ増加する。全体の旅客数ではなく、フェリーだけを見てもこの推移は同様だ。沿岸旅客船の車両輸送を見ても同じことがいえる。政権がいろいろな理由

表１　旅客輸送の推移（単位：千人）

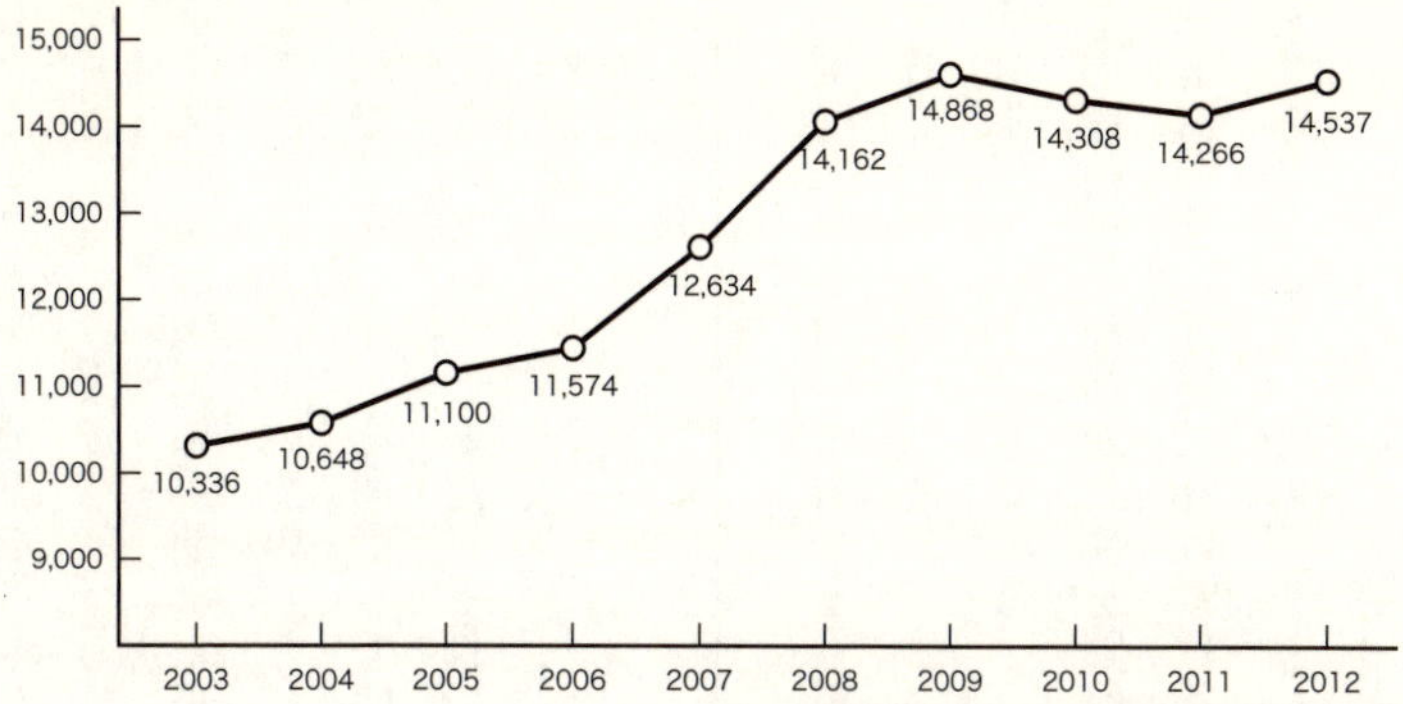

資料：韓国海運組合、「沿岸海運統計年報」、2013

表２　沿岸旅客船の車両輸送の現状（単位：台）

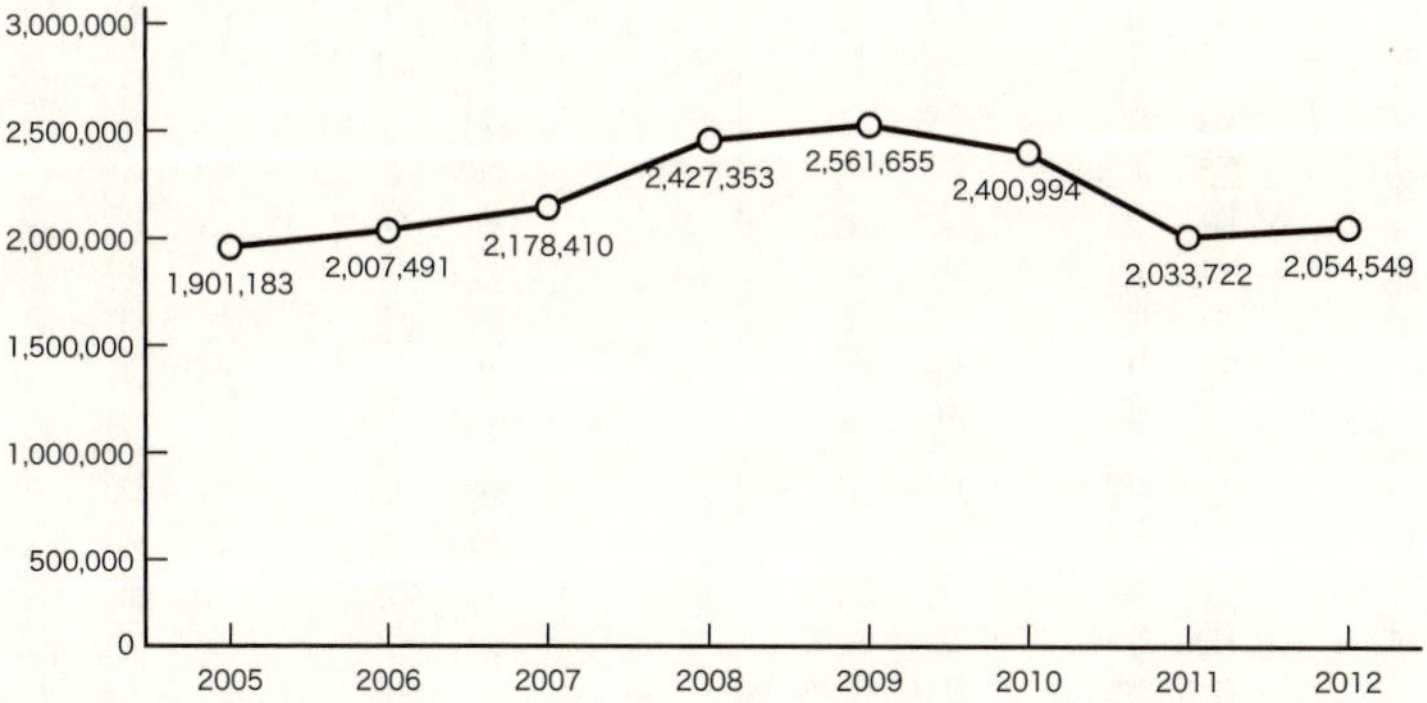

資料：韓国海運組合、「沿岸海運統計年報」、2013

からクルーズ産業育成案を準備しているあいだ沿岸旅客の需要そのものが停滞していた。クルーズに関する報告書は、国民所得が増加してレジャーに対する国民の需要が増えると、クルーズ産業が韓国の重要な未来産業になると分析している。だがそのようなことは、今のところ目撃されていない。むしろ減少の一途をたどっている。

それではフェリーを運行してはいけないのだろうか。そうではなくて危険な運行をしてはならないということだ。それでは、このように乗客が減り収益性も落ちている現状をどうすべきか。

○補助航路においてもっとも重要なことは、安定した航路の運営により公共性を確保することである。つまり、公共性の確保が航路の統合による管理費用と予算の節減より重要だということである。
——言いかえれば公共性を確保するためには、補助航路の運営と管理において、公正さと透明性が前提になければならないという点から法廷機関を設立し、公営化して運営することがもっとも望ましい案と判断される。
（「沿岸旅客運送事業の長期的な発展案の研究」、国土海洋部、二〇一二）

ここ数年の韓国は市場を信奉し、企業を崇拝する流れが主流だった。この流れは十年間続いた民主政権の代わりに李明博政権を国民が選択した際、集団的に選択されたものだ。このような流れで政府は企業の建議を受け入れ、乗客の危険を担保に、乗客がその産業を支援する政策を選択したのだ。そして李明博政権から朴槿恵政権に至るまでこの流れは続いており、今やそれが原則であるかのような錯覚までおこしている。

だが前述の報告書で見られるように、沿岸旅客の危機を公営化することで打破しようという提案がまったくなかったわけではない。現在、韓国の全航路九十九のうち二十七の航路に二十八隻が補助航路に指定されており、ここに年間百十二億ウォンの補助金が支給されてはいる。補助航路とは何か。国家が離島に補助金を支給する一種の「命令航路」だ。この制度は国が運営しており、朴正煕大統領の時代に第四次経済開発計画とともに導入された。補助航路の制度は朴正煕、全斗煥の時代を経て定着し、これが韓国国内の沿岸旅客の基本体系になった。そして二〇〇六年に島民の旅客運賃を支援する事業が始まり、島に住む人びとへの基本的な政策の方向はある程度落ち着いたと見ることができる。もちろんここにも問題がないわけではないが、そのまま放置されている商業運行中のフェリー事業と比べるほどではない。

つまり軍事政権の時代以降、韓国経済は公共性に関する最低限の基準ていどは確保していた。公共性を弱めて国家資産を売るのが先進国への道だという論理は、李明博政権で誇張された側面がある。こうした公共性の問題でもっとも敏感な部分こそが公共交通機関なのだ。バスの場合は人びとがもっとも神経を使い、また近くで見守っているため、状況は多少ましだ。だがカーフェリーは完全に放置されていた。

だがよく見えていないという以外の理由もある。人びとは普通、離島を行き交う補助航路を公共の領域だと簡単に決めつける。だがカーフェリーは少し異なる。遊船、渡船という言葉だろう。遊船は遊ぶための船、渡船は川や海を渡るための船だ。日本による統治時代の残骸として残っている言葉ではあるが、遊船、つまり釣り船のような遊びに行くための船は公共の領域ではないという社会的な偏見がある。フェリーに対する認識も似ている。旅行に行く船だから運行については利用客が責任をとるべきではないのか、というものだ。もしセウォル号の乗客のほとんどが生徒でなかったら、感情的な反応の種類はちがったものになっていただろう。そこには単に大人と青少年という比較だけがあるわけではない。

韓国が日本からセウォル号のような中古船を買ってくるようになった最初の理由は、韓国の金融機関と日本の金融機関では危機管理の方法がちがうからだ。日本の場合、国家が乗り出して何かをする前から金融機関からの圧迫がはじまる。船が些細な事故でも経験しようものなら、その船を購入するために融資した金の回収が不可能になる。だから十五年ほど船が運行されると、日本の金融機関がそろそろ二次市場に処分しろと直接、または間接的に圧力をかけてくる。セウォル号がまさにその例だ。清海鎮海運がセウォル号を購入するとき、韓国では産業銀行が「スポンサー」の役割をはたした。

さらに根本を突き詰めると、船で事故が起きたら一大事だという社会的な認識がある国と、遊びに行く船にまで神経を使う必要があるのか、という認識を持った国というちがいもあるというわけだ。

こうした社会的な認識と、「クルーズ産業育成案」のように、とりあえず旅客産業そのものの規模を大きくしなければならない政治的な必要性が結びつき、韓国は日本のお古を修繕して乗る国になったのだ。韓国の中古車が世界中に売られていく一般的な流れと、正反対のことが起きているわけだ。ではセウォル号の惨事を経験した韓国の船は、安全になるのだろうか？

船の事故は確率的に起こるしかないのだが、ここまで見たように船をめぐる経済的な構造が改善されるだろうという保障はない。しかも現政府があれやこれやと対策として打ち出したものだけで考えてみると、膨大な時間が経過した後ならば分からないが、今後数年間、韓国の船はさらに危険が増すだろう。セウォル号の惨事の前より最低でも二倍以上は危険になると見るしかない。理由は次の二つだ。

最初の理由は以前に大統領府を中心にうまく回っていた危機対応システムの復旧を、純然たる政治的な理由から大統領が拒否したためだ。ＮＳＣに危機管理を総括するシステムがあったとき、ＮＳＣの議長は鄭東泳議員だった。彼によるとこのシステムは、盧武鉉大統領が長いこと関心を持っているときに作られた。もちろん、もっと良いシステムを作ることのできる可能性もある。だが何であれ、新しくシステムが作られるには思った以上に時間がかかる。何度かの譲歩の末に本当に良いシステムができあがり、政府の各機関が奇跡的に協力しあうことになったとしても、システム自体が安定するには何年か必要だ。しかも現政府は、国民安全庁を（二〇一四年八月に国家安全庁から改名されたが、正式名称は未定）総理室の傘下に引き離すというのだ。官僚の立場で見ると国家をゆるがす一大事が起きたら、むしろ大統領は責任をとらないというメッセージを露骨に送っているのと同じことだ。庁長を長官クラスにするといっても、本物の長官よりは階級が下だ。自身より階級の高い長官はもちろん、軍隊まで指揮するということ自体が不自然だ。大統領が最終責任をとるシステムではなく、むしろ「責任逃れ用のシステム」として作ったものであるため、現場で実効性のある指揮が生まれることはむずかしいだろう。

代案を提示しろというなら、与党も野党も可能ならば大統領府が危機管理システムの責任をとっていたＮＳＣに原状回復させることを主張すべきだ。現政府が打ち出した対策案は無用なものを積み重ねている。上層部が多ければ多いほど、実際は誰も決定しない状況が広がる。しかもセウォル号後の安全管理システムは、それこそ社会規範の崩壊した無統制状態、アノミーといえるだろう。海洋警察庁は解体され、新たなシステムはまだなく、消防防災庁のように火災や洪水時に現場の責任をとる省庁の指揮システムもやはり、きちんと整備されていなかった。海洋警察庁を解体して国民安全庁を作るという決定は、あまりにも稚拙で危険だ。

そして本当に解体せねばならないなら、代案を作りながら処理してもよかった。複合的なネットワークで構成される危機管理システムを、このように即興で処理するというのは人の命を扱う仕事の基本姿勢とはいえない。国民安全庁がきちんと作動するには、必ず経験と時間が必要だ。

公務員の目で大統領のセウォル号に関する謝罪発言を見てみよう。ここで解体の対象となった海洋警察の心境は格別なものだろう。そして海洋警察以外の公務員の目で見た大統領の謝罪は、今後は人間が、それも大勢が死ぬことになる事故において、大統領は法的・行政的な一次責任を決してとらないという、強力かつ一貫したメッセージに見える。単にセウォル号のような一大事に対してだけ、それも道義的な責任だけとるということだ。こうした状況で作られるシステムが、はたしてどれだけ効率的だろうか。

次の理由は、これから数年のあいだ韓国の船で起きる問題は、セウォル号の惨事そのものが原因になるということだ。なぜなら沿岸旅客はさらなる経営悪化に見舞われるからだ。教育部は引き続き修学旅行を送ろうとするだろうが、今後数年は船に乗って行く団体の修学旅行は行われないだろう。一般市民は今回の事件で「ＲＯＲＯ船」と呼ばれるカーフェリーがどれほど危険か、韓国で船に乗るということがどれだけ命をかけねばならない旅行なのかを知ったからだ。そうなると需要は激減するだろう。二〇〇九年から二〇一〇年のあいだに起きた需要の衝撃とは、比較にならない苦境に直面するだろう。

政府からの金融支援で新しい船の購入費用を軽減するというが、需要が根本から激減している環境で収益を保つということはむずかしい。では政府が多額の補助金を出してやるべきだが、どのていど可能なのかを知ることはできない。では前で提示した、公営化はどうだろうか？　現政府の政策基調からいって日本やカナダ、アメリカのワシントン州やスコットランドで施行していた部分的な公営化を導入する気はないだろう。それらの国ではわが国と似たような旅客産業の経営危機が訪れると、中央政府や地方政府が法的機関を設置して、直接船を所有したりする。以前はスウェーデンが、現在はデンマークがそうだ。

大統領の謝罪文に、そうした基本的な方向についての暗示が込められていたらどうだっただろうか。だが大統領の謝罪文には、船をどうするかについての話がまったくなかった。

これはどの政治家も同じだ。船で事故が起きたら船をどうするという話が出なければならないのではないのか。これを指摘する者がいない。セウォル号を忘れるなというが、はたしてどうすることが忘れないことなのか。セウォル号の惨事は基本的に、船の危険性に人びとが無関心だったせいで起きたことだ。ならばその無関心を関心に変え、そして現実に改善まで行うことが、忘れないことだ。

5　船をどうするつもりなのか

この先、フェリーをどうするべきか。フェリーは旅客と貨物の二つとも重要だが、韓国社会では貨物がさらに重要だといえる。セウォル号以降、清海鎮海運で運行する仁川―済州路線は停止された。免許も取り消され、会社は旅客船主として機能できる状況ではない。この区間の場合、旅客は飛行機などの代替路線が多いため、急を要する問題ではない。だが物流を担う貨物にとっては緊急の課題だ。済州島から本土に運ばれるミネラルウォーターのようなものなら代替が利くが、郵便のように基本的な物流は特別な解決策がない。今は済州から木浦に送り、そこから陸路で移動している。だが長期的にどうするのかについても直ちに熟考すべきであろう。こうした問題も大統領を中心として論議され、決定されなければならない。

このように当座はしのげるが、現在のような非常事態が数カ月続くと物流でまた別の問題が発生する。まず仁川—済州路線の運行中止によって生じた済州島の物流の大混乱は、同じ方式で他のフェリーに拡大する可能性が高い。フェリーの乗客はセウォル号の衝撃で数年は激減するだろうし、今も収益性の低い零細企業の船主たちは、運行を続けるか廃業するかの岐路に立たされるだろう。金を貸してくれるからといって新しい船を運用する状況でないばかりか、現在運用している船の定期点検など維持管理費もどうしていいか分からない状況だろう。旅客運賃を上げようと思っても、飛行機、特にLCCより費用を上げては解決策にならないように見える。こうした状況下で、そうでなくとも高い国内旅客乗務員の平均年齢はさらに高くなるだろう。離島の補助航路の乗務員は、平均年齢が五十五・六歳だ。非正規職の比率も高くなるだろう。問題があることは分かっているが、企業の立場としてはどうすることもできない。

短期的には、当分乗客をフェリーに乗せることは中止して、物流を中心に貨物船としてのみ使用するのも対策だ。だが旅客はもちろん、海上物流の基本軸を担っているフェリーの運用を現在のような非常事態下でどうするつもりなのか、代替運送を投入するのかについての発表を見たことも聞いたこともない。海洋警察の解体は解体として、海洋水産部や国土交通部も緊急に動かなければならないことが多い。だがそうした論議より、船の緊急点検ばかり話し合い、行うようにという公文を送るだけだろう。

セウォル号の問題はいつ終了するのか。行方不明者の捜索で終了するのではなく、沿岸旅客、ひいては海上の物流を含む韓国の船に対する全般的な論議に移らなければならないと考える。なぜならそこが危険になってきているからだ。また事故が起きるからだ。

「安全にせよ」という話だけで社会のシステムが安全になるというなら、安全管理が先進国の尺度だという話は一体なぜ出てくるのか。今のところ中止されている仁川—済州路線のフェリーをどうするのか。誰かに独占権を与えて事業を再開しろというのか。それとも、この路線から貨物船への転換を始めるのか。政府で機関を設立して公営化へ進むのか。そうした論議が始まらねばならない。もちろんその論議は時間をかけてきちんと行えばよい。決定が遅いこと自体は問題ではない。だが今、国民安全庁を新設してセウォル号に関するすべての問題の解決を委ねるという発想はいただけない。そこで解決できない問題があり、それこそがセウォル号の惨事の核心だからだ。こういったことを行わないというなら、政府は結局、そのまま人びとがこの事件を早く忘れてくれたらいいと時間稼ぎをしていることになる。

個人的にはセウォル号と同じくらい、西海フェリー沈没事故の記憶も強烈に残っている。

当時、国政監査を準備していた経済関連の省庁が西海フェリーを利用して旅行へ行ったため、死者のなかに経済学を専攻した者が多かった。周りの経済学者が知人をこの事故で失い、悲しみにくれる姿に接し、人ごととは思えなかった。ところで西海フェリーとセウォル号は事件が起きる過程も、事故を処理する過程も恐ろしいくらいぴったり一致するのだ。

「西海フェリー沈没事故のあと、交通部長官、海運港湾庁長、海運局長、郡山港湾庁長など主要な人たちが解任されました。そうした経験からか海運政策当局は、責任者としての地位から外れ、海運組合に旅客船の安全点検業務を委ねました」。

「人命にかかわる旅客船の事故は十年に一度あるかないかです。西海フェリー沈没事故のあと、旅客船の事故が起こらないのを見るやいなや、政府からの予算支援がひっそりと姿を消しました。代わりに旅客船の運賃の一部を徴収して、その金で旅客船の運行管理をするように変わりました。私が海運組合の理事長になった二〇〇七年、運行管理者は五十五人しかおらず、政府からの予算支援は一ウォンもありませんでした。運行管理者の士気は最低でした」。

(「旅客船運航管理、お互いに引き受けまいと……」海洋水産部マフィアの告白(チョン・ユソ

プ前韓国海運組合理事長インタビュー）月刊『朝鮮』二〇一四年六月）

一九九三年の西海フェリー沈没事故で二百九十二人が死亡した。そのとき政府は「今後、責任はとらない」と旅客船の運行管理を韓国海運組合に引き渡した。行政的な観点のみで見ると「われわれは、これ以上の責任はとらない」、それが西海フェリー沈没事故後の対策だった。今回は海洋水産部ではなく、大統領が直接それをした。セウォル号の事件から今日まで私たちは特に何も変わらないか、または過去に逆戻りしている最中だといえる。

この先、沿岸旅客をはじめとする海上交通全体のシステムをどう持って行くべきか、セウォル号以降も当然発生するであろう新たな危機にどう対応するべきか、それが現時点で私たちが緊急に論議すべき問題だ。今のようなやり方で進めているうちに、本当に船へ乗らなければならないときは漁船に裏金を渡したり、それこそ開発途上国レベルに韓国の船の安全性が落ちたりする事態が起こるかもしれない。

その対策を保護者の心情で表現するなら「正規雇用の船長がいる船がいいです」になるかもしれない。多くの人は、セウォル号の船長が正規雇用で、外国映画で観たように船に命をかける船長だったら状況は変わっていたかもしれない、こう考えているようだ。だが経済学者の立場から見ると、そのようなことは今までもこれからも当分起こらないだろう。

なぜなら正規雇用の船員は枯渇しているし、正規雇用の船長を投入する経済的な基盤ができていないからだ。清海鎮海運が特別異常で悪質な会社だからではなく、それが韓国の船が置かれている経済的な状況だという点を理解する必要がある。

　本書の執筆中、日本の福岡へ行くスケジュールがあった。家族と随分前から計画していたので、二歳に満たない子どもも一緒だった。そこで船に乗ったのだが、船に乗るとすぐに船員が持ってきたものは実に小さな子どもにぴったりなサイズの救命胴衣だった。見た目も子どもが好きそうなデザインで、嫌がったり慣れないそぶりを見せたりすることもなく着た。大人にはベルトの絵が描かれた救命装置が配られた。航海や船舶の専門家でない私の目にも、今すぐ解決せねばならない緊急の問題が見えているのだ。もう専門家を中心に解決策を探さねばならない。

　政府がこれまで提示してきた解決策は清海鎮海運の財産をどうにかして回収し、政府が支給する補償金を船主から取ってみせるという、たったひとつの努力のみだ。大規模な事故が起きたとき、これを保険会社が負担するのか、事故を起こした企業が全面的に負担するのか、それとも政府が国民の税金で負担するのか、常に議論の的になる。サムスンが二〇〇七年に忠清南道《チュンチョンナムド》の泰安《テアン》で引き起こした原油流失事故の場合、未だに誰が金を負担するか整理がつかないまま、複雑な訴訟が続いている。

もちろん国民の税金でセウォル号の惨事に関するすべての行政費用と、保障費用が負担されるべきか、という問題を提起することもできる。しかも行方不明者の捜索に関わっていた今もその実態が不透明なオンディーヌ（潜水士をだしている民間企業。海洋警察との癒着も噂されている）という民間企業に支払わなければならない金を、国民の税金で負担すべきかどうかも問題だ。

だが清海鎮海運から金を取ること、専門用語でいうところの「求償権」がこの事件の核心だというのはあまりにもおかしい。人を救い出す一次作業、問題が起きた船を安全にさせる二次作業に比べれば清海鎮海運の隠し金をさらに奪い取ることは、あくまでも副次的な事後処理のはずだ。

これを象徴する事件があとひとつ残っている。惨事の直接的要因のひとつであるクルーズ産業育成案だ。色々な内容が込められてはいるが、結局は船上にカジノを設置するというのが、この法律の核心だ。セウォル号事件の渦中で、このおかしな法律が国会を通過するのを防いだのは法制司法委員会の委員長だった朴映宣《パクヨンソン》議員の活躍が大きかった。とりあえずこの法律はセウォル号の惨事のまっただなかである現在、国会の前で停止されている。だが今後はどうなるか分からない。

結論から言うと、西海フェリー沈没事故で政府が旅客船の運行管理から手を引き、二〇一四年のセウォル号の惨事で大統領が公式に船の安全管理から手を引いた、これが現在、船に関して明らかになっている局面だ。そしておそらく、次の政権になるまで船に乗らなければならない国民は、相変わらず日本の中古船に乗り続けることになるだろう。それでは韓国の国民は船齢が十五年を超える船には乗らない、非正規職の船長が操る船には乗らない、過積載が疑われる日は乗らない、霧が立ち込める日に出航しようとしたら載せてある車を放棄してでもまず降りる……。こういったことを、これから個人向けの安全の規則として熟知しておくべきなのだろうか。

西海フェリー沈没事故の惨事をきっかけに船の危険度が高まったように、セウォル号をきっかけに長短期的に私たちの危険度も高まることだろう。時間の経過とともに徐々に発展するというのが、経済学が経済のシステムに対して持っている一般的で普遍的な常識だ。試行錯誤、つまりlearning by doingは、人間は少しずつ合理的になれるという仮説の根底にある要素だ。だが韓国社会は時間が経てば経つほど徐々に悪化し、事故が起こるたびにシステムも悪化するという奇異な状況に置かれている。これは目が覚めても覚めない悪夢のなかの悪夢のようでもあり、降りようとしても降りられない幽霊船の構造とも同じである。だからといって「これでも国なのか」とハンストをしたり、「できるなら韓国を離れたい」と言ったりするのは、あまりにも短絡的すぎる反応ではないだろうか。

第四章

花のような魂たちへ捧げたい未来

バスの公営化を実施してから、交通環境は一段と良くなった。

路線を調整しながらバスの運行地域が拡大され、料金も二千ウォンから千ウォンに下げることができた。

六十五歳以上の高齢者と生活保護受給者、障がい者は運賃を無料にすることができたし学生料金もたったの五百ウォンだ。

年間の輸送人数六十九万人のうち六十五歳以上の無料輸送が五十三万人に達し、事実上は無償バスに近いという評もある。

二〇〇九年まで新安郡《シンアン》でバス会社を運営していたある事業者は

「バス会社を運営していた当時、赤字が多くて大変だった。

新安郡がバスを引き継いで、島のもっとたくさんの地域での運行が可能になったので、人びとはとても喜んでいる」と述べた。

（新安郡を訪れる政治家が多い理由『時事ＩＮ』二〇一四年三月三十一日）

1 経済的な差別、民営化、そして公共性

セウォル号の遺族が残した多くの言葉のなかで、特に私の胸をえぐった表現がある。それは「江南《カンナム》の学校だったら、こうなっていただろうか？」だ。この言葉は現代社会の正義論と危険論の核心をついている。その言葉が意味する差別の問題は、社会学者ウルリヒ・ベックの『危険社会』に出てくる核心的なテーマ「現代社会における危険は、そのなかに差別をともなっている」ことを意味する。

生態系の問題でも似たような状況が発生している。これを「環境正義」という。同じ生態の危機でも、貧しい人のほうに直接的な問題が起きるというものだ。アフリカのある地域で水源が汚染されたとき、普段からエビアンのような水を海外から空輸して飲んでいる富裕層と、特別な浄水処理がされていない水をそのまま飲む住民とでは影響の大きさがちがう。地震の場合、差別はさらに拡大する。一九七六年にグアテマラで発生した地震の被害者は百二十万人に達した。被害者のほとんどは低所得層が密集するスラムの住人だった。このように貧しい人だけが苦しめられる地震という意味から「階級震」(class quake) という用語まで登場した。こうした問題はマイク・デイヴィスの著書『スラムの惑星—都市貧

困のグローバル化』によく描かれている。

それでは火災事故は少し変わってくるのだろうか？　当然だがスラムのほうが鎮火は大変だ。それに自然発生する火災事故だけの問題ではない。フィリピンでスラムを撤去するときにネズミやネコの体に灯油をかけて放すという話を聞いたときは、耐えがたいほどの衝撃を受けた。なぜネズミやネコなのか、その理由がさらにおぞましい。犬は火をつけるとすぐに死ぬので、ネズミやネコを使うということだった。こうした問題だけではない。体型や肥満までも、最近は階級を表す現象になった。安い食事ほど高カロリーで無機質だ。現代社会でジャンクフードを食べる人は主に低所得層で、彼らがスリムな体型を維持するのは簡単ではない。

セウォル号の惨事も、こうした問題の延長線上にあるのではないか。全国的に見て京畿道のある学校を、貧しい人びとが集団でいるところだといえるだろうか。この地域が絶対的に貧しいと見るのはむずかしい。参考までに、韓国で地域ごとの所得がもっとも低いのは大邱だ。数値で見ると大邱の都心を除いた地域が、経済的にもっとも苦しいと把握されている。

前で述べた遺族の言葉は貧困の問題というより、相対的な差別に対するものだ。なぜセウォル号の惨事にいきなり「江南」が登場するのか。江南は韓国で富の頂点に位置している。もちろん江南の人間すべてが金持ちだというわけではない。江南も人が住む町だ、貧しい人もいれば、九龍《クリョン》村のような典型的な都市のスラムもある。だが確実なことがひとつある。遺族が使った「江南」という表現には、金と一緒に権力というメタファーが込められている。あの言葉はこう言いかえることができる。もしセウォル号に国会議員の子女、いや、与党の国会議員の子女が乗っていたとしたら？　それも複数だったら？　救助はどう展開されただろうか？　事故の発生は同じ要因によるものだとしても、もっと迅速な救助がなされる確率はかなり高まっただろう。これは明らかな事実だ。資源が動員される可能性は権力の程度に比例するからだ。江南で二〇一二年に発生した土砂崩れを見てもそうだ。土砂崩れが起きたとき、近隣のホテルは客室料金を値下げして避難民に提供し、パンも与えた。他の地域で似たような土砂崩れがあったと仮定してみよう。そんなことは起きるはずがない。

こうした問題は救助の過程にだけあるのではない。乗客の家族をめぐる状況からも、うかがい知ることができる。珍島体育館に寝泊まりしている保護者たちが自分たちのために要求したものは、家族ごとの仕切りていどだった。それすらも、あの頃はきちんと処理されなかった。家族が寝泊まりする場所がなぜ珍島港により近く、まともな宿泊施設が備わっている国立南島国楽院でなく、珍島体育館になったのかについてはすでに解明する記事が出たが、この問題も一時、大きな感情的反発を招いたことを考えてみよう。あの家族らが江南に住んでいたら、ずっと体育館に寝泊まりさせていただろうか。そんなはずはない。とにかく「もっと安らげる施設に移さねばならない」という指示が下されていただろう。もちろん、子どもが船底に閉じ込められたまま海底四十メートルにいるのに、自分はもっと安らげる場所で過ごそうとする親はいなかっただろう。だが、たとえ体育館での寝泊りを続けたとしても、あのような難民を扱うような対応はされなかっただろう。

これが経済的な差別に対する韓国社会の態度だ。とんでもない事態に直面している親たちを難民扱いすること。社会にそういった経済的な差別が深々と内面化され、日常化されているのだ。多くのことに経済的な差別は発生する。だが少なくとも死の前では平等であるべきだ。そのくらいは合意や論議がなくても、まともに作動しなければならない。だがセウォル号の前で私たちが見たものは、韓国社会はそれすらもできていない国だということだ。

これは道徳と人類愛という次元から嘆くことではない。なぜそうなったのか。ここで新自由主義という「そう、すべては新自由主義のせいだ」と自嘲するときにも持ち出される例の話を紹介してみよう。

一九八〇年代の初頭から、世界で民営化と公営化という二つの流れが衝突を始めた。イギリス、アメリカでは政府から民間への移行が流行した。レーガン大統領とサッチャー首相は税金の縮小と民営化という二つの政策の方向を軸にして、それまでの経済の運用方法を大々的に改変した。レーガノミクス、サッチャリズムと呼ばれた大西洋を挟んで英米が進めたこの流れを、一般的に新自由主義と呼ぶ。この時期を前後して初の左派大統領となったミッテランを中心に、フランスでは国有化という新たな流れが生まれる。

フランスの例を見てみよう。ルノーサムスンという自動車メーカーをご存じだろう。ルノーはフランスを代表する自動車メーカーだ。設立者の名前がついたこの会社は第二次世界大戦中、ナチスドイツの戦車を作っていた。当然、連合軍はパリ近郊にあるルノーの工場を凄絶なまでに爆撃した。一九四四年にフランスがドイツによる占領から解放されると国有化され、今度はフランスの軍事産業を預かるようになった。現代の視点では政府が自動車メーカーを運用するというのは少し不思議に思えるが、いずれにせよこうした過程を経て、ルノーはフランスを代表する国民的な自動車になった。ルノーを民営化しようという試みもあったが、フランスは銀行をはじめ、主要な社会サービスを国有化する流れにあったため、ルノーが民営化される可能性はなかった。ルノーが実際に民営化されたのはフランス政府の持ち株比率が五十%を下回った、一九九六年になってからだった。

一九九〇年代の中盤から、グローバル化とともに新自由主義への流れが世界の主流になった。列車、バス、船舶のような公共交通機関はもちろん、電気、郵便局、教育、医療を公共の領域、つまり公企業のままにしておくのか、自身の手で運用したいという民間に売却するのか、国ごとに生みの苦しみを味わうことになる。この過程をどうにかして耐え抜いた国があるかと思えば、耐えきれなかった国もある。

この民営化の問題を取り上げる上で代表的な出来事といえば、二〇〇〇年から二〇〇一年のカリフォルニア電力危機だろう。この大停電は「ブラックアウト」という言葉を世界中の人びとの胸に刻みつけた。アメリカでもっとも裕福な地域だといわれているカリフォルニアで、こうした大停電が起こりうるのか？　だがその後も停電は続いた。これはカリフォルニアの電気産業の民営化を受けての事件だった。停電の恐怖と同時に民営化の問題もやはり、この事件ほど強烈な印象を植えつけた事例は他に類を見ない。送電施設などをはじめ、維持、補修、設備投資などを続けなければならないが、そうすると民間企業は収益性を出すのが困難になる。一般の商品やサービスなら価格を上げればすむが、電気は公共性が非常に強いサービスなので、それも思わしくない。どうすることもできない状況のなか、電力の供給が不安定になったのだ。

だが新自由主義を背負った民営化も、二〇〇八年のリーマン・ショックで気勢をそがれる。倒産寸前だったアメリカ最大の自動車メーカーGMを民主党のオバマ大統領は「雇用」を名分に政府の金で守り抜いた。GMは事実上、国営企業に転換された。ここで注目すべき点は以前の国有化の論議とは異なり、ウォール街の金融の専門家も政府の資金援助を公然と要求したことだ。膨大な金額が集中しすぎていて、GMが倒産すると労働者だけの損害ではすまなかったからだ。

二〇〇八年以降、多くの国で民営化ムードは鎮まり、再び公共性に対する論議が展開されるようになった。フランスのシャトールー、エストニアのタリンでは公営バスを運営するなど、公共交通機関の無料政策の導入が始まる。これは民間企業に公営サービスをすべて引き渡す方が効率的で、サービスの質も高くなると主張していた一九八〇年から一九九〇年代とは明らかにちがう流れだ。

だが韓国の流れは世界と多少異なった。二〇〇八年以降も民営化を強調する政権が与党だった。鉄道、電力、医療、空港などはこれまでの政権も民間企業に引き渡そうと試みている分野だった。いいかえれば韓国は、それでもある程度の領域で公共性を守っているから、民営化に対する政治的な圧力もそれだけ高いのだと見ることもできる。

だとしたら、なぜ民営化が問題なのか。大まかに言うと民営化は企業の利益のために料金を値上げさせ、その値上げした料金に耐えられない地域からはサービスを撤収させる。無理に低価格にしがみついているとサービスが手抜きされたり、事故が起きたりする。フランスで郵便局が民営化されてから、アメリカにA４用紙一枚の書類を速達で送る料金が一日のホテル代ほどになって驚いたことがあった。

ある者は不親切な公共サービスには飽き飽きしているので、いっそのこと親切な民間サービスを受ける方が消費者にとっては利益になると主張する。もちろん公共の部門にも問題はある。だが民間が預かると、どんな美辞麗句を並べていても料金は上がる。値上げされないとサービスの質が落ちる。民間企業が運営しているソウルの地下鉄九号線の料金をめぐり、九号線の株主マッコーリー・インフラと朴元淳《パクウォンスン》現ソウル市長が激しく対立したのが代表的な例だ。ソウル市はヒーローのごとく料金の値上げを防いだが、いつまでもこれが可能だという保障はない。米韓FTAなど、公共の領域に制約を課す国際的な政策環境も増えている。そして良かれ悪しかれ民営化は、経済的な差別を高める傾向を備えている。

こうした状況のなか、韓国の沿岸旅客の深刻な問題を公的な方法で解決すべきだという声が出てきたとしても、それが世論となって実現されるのはむずかしく思われる。公共に属している分野が、大企業や政治と結託した特定の企業の手に渡るのを防ぐだけでも大変だというのに、すでに営利目的で営業中の船会社の問題まで解決しようと論議を交わすのは困難だ。

特に朴槿恵政権になってから「非正常の正常化」という名前で進められた公企業の財務構造の改善を目的に施行された資産の買い入れも、広い意味では民営化のひとつの流れだ。公有地と政府の資産をいったん民間に売却すると、再び公有地に転換するのは簡単でない。

双竜自動車の問題をもう一度取り上げてみよう。韓国では国営企業というと社会主義の政策を思い浮かべるため、国民企業という言葉を使う。双竜自動車も国民企業として運営しようという論議がなかったわけではない。双竜自動車は中国企業に売却されて技術の流出が問題になったが、次はインドの企業に買収された。こうして何の対策もないまま中国やインドに売却せねばならないなら、いっそのこと政府が産業銀行のようなところを通して支配株主になり、必要なら国民株の形にして国民も少額の株主になる方式を議論してみようという提案があった。だが、無条件に売却しなければならないというのが、いわゆるマフィアたちの論理だった。アメリカ政府がGMに対して行ったように韓国政府がもう少し積極的に双竜自動車の所有に参加する案を試みていたら、双竜自動車の労働者問題などもちがった方向に展開していただろう。

しかも最初からは無理だったとしても、中国の上海汽車が双竜自動車の株を売却して経営から撤退した時点であれば、名分は十分な上に社会の共感を得ることもできた。そうならなかったのは、双竜自動車の問題において経済的な実効性を考えたからというよりは、与党が進めようとしている民営化の方向に傷がつくことをはばかったからだ。こうした状況で公的な領域を増やすのは非常にむずかしく、今あるものを守り抜くのも大変だというのが韓国の現実だ。

このように民営化の流れが強かった韓国で、注目すべき試みが二〇〇七年から新安郡で始まった。新安郡が荏子島《イムジャ》からバスを直営で運営する公営化を始めたのだ。

海と島からなる新安郡には一〇〇四の島があり、そのうち七十二に人が住んでいる。日本の統治時代からこの地域を行き来する船は、安全を理由に夜間の運行が禁じられていた。夜は島の外に出られないという状況は、彼らにとってどれほど大変なものだっただろうか。人口が二千に届くかどうかという荷衣島《ハウィ》（新安郡の島のひとつ）出身の金大中大統領が、日没後も船が行き来できるようにしてほしいという嘆願を受け入れなかったのは、少し薄情な気もする。結局この請願は盧武鉉大統領のときに、大統領が二回にわたって海洋水産部の長官に直接話すことで叶えられた。

だが問題はまだあった。日本の統治下でも不可能だった日没後の航海が可能になり、本土に出られるようにはなったが、その時間に港へくるバスがないという事実だった。だから島に住む住民は陸地に到着しても、埠頭から目的地までタクシーに乗らなければならなかった。島の住民は色々なルートから郡主に建議を行い、新安郡はこの問題を解決するために協議を始めた。

新安郡はバス会社に、郡も苦労して船の運行時間を延長させたのだから港にくるバスの運行時間も延長してほしいと頼んだ。だがバス会社は島から港にくる人の時間も不特定で需要も予測がむずかしいため、経済性がないと増車を拒否した。ようやく夕方にも運行される船の路線ができたのに、新安郡としては困った事態になった。こうなると結局は船の路線の利用者も減ってしまうからだ。バスの問題を解決しなければ、ようやくこぎつけた船の運行も停止してしまうような状況だった。新安郡は結局、六年にわたって経営難に喘いでいたバス会社を引き継ぐことにした。そして四十の路線に三十八台のバスを新安郡の直営で運営することになり、現在、韓国で唯一の完全公営バス路線を運行している。では経営の問題はどうだろうか？　公営化を実施して数年後、近隣の海南《ヘナム》、高興《コフン》、扶安《プアン》よりバスに支払う補助金が減少するなど、直接の費用は以前よりかかっていない状況だ。

新安郡のバスの運用で起きたことを韓国では「完全公営化」と呼ぶ。だがどうして、これが可能だったのだろうか。まず、このバスの公営化は費用が数十億ウォンにすぎないうえに、与党が特に気を配っていない全羅道での出来事だったという特徴がある。それでもほとんどの国民が知らないうちに、それも六年にわたって、これほど意義のある試みが行われていたのだ。

この新安郡のモデルは他の都市でも可能なのか、もしくは船と関係ない他の地域でも可能なのかという議論は多い。だがひとつ理解しておくべき点は、全国的、全面的ではなくとも、特定の地域で部分的に公共性を高めた事例は皆無ではないということだ。

もちろん新安郡のバスの公営化は、韓国で民営化を全面的に逆転させた唯一の事例だ。その効果は必ずしも経済面だけに限定されない。この制度は島で孤立するしかなかった高齢者に好評だった。老人性うつ病など、孤立による問題も改善されたことだろう。また交通問題の解決にともなって人が再び新安郡に集まるようになり、一度は島から消えた病院が戻るなど多くを考えさせる結果となった。

すべてを市場に委ね、人が価格に応じて適切に選択すれば皆が繁栄するという論理は普遍的でないし、ある一方の論理にすぎない。社会に必要なものを適切に決定しながら、公共性を一定に維持しようという論理もある。この二つのあいだで、どのようにバランスを見つけるのか。

二つの問いがある。セウォル号のような事故が起きないようにするのか。あるいはセウォル号のような事故が起きたらどうするのか。一見すると二つとも非常に重要な質問に見える。だが前者の質問は、経済的な差別を減らしつつ問題を解くやり方が要求される。一方で後者の質問は、より多くの構造的な資源を集中して投入するために、民間からの協力を容易にさせようという方向に政策が向かう可能性もある。事故の海域に「オンディーヌ」という民間企業を投入したのが、まさにその代表例だ。事故処理にも民営化という極端な方式が安全という名のもとに取られているのだ。同じ安全の問題といっても予防を重んじるのか、事後処理を重んじるのかによって、この先の様相は極端に変わってくる。そして今のような政権下では、後者のやり方を選ぶ可能性が高い。

前述した遺族の質問「江南の学校でも、こうなっていただろうか？」は、早期に救助されなかったという問題提起の一面が大きい。つまり、事後処理に対する抗議といえる。だがこの言葉が持つ本来の意味は経済的な差別に対するものだ。だからこの質問の形は事後を問題にしているように見えるが、内容は予防の問題を提起しているのだ。

そして常識的に考えるなら、あらゆる災害や事故において予防的な措置の方が効率的で費用もかからない。また経済的な差別の問題も起こさせない。当然ではないか。最初から事故が起きていなければ、富める者も貧する者も根本的な差別を受けることはないだろう。

事後処理的なやり方は経済的な差別を増長させる。李明博政権が災害処理への民間の介入を拡大したのは、明らかに民営化、そして事後処理の方式だった。この辺でもう一度、公共性について根本から考え直してみるべきだろう。事後により多くの資源を動員できるシステムを作るため、事前予防に注がれる努力を減らす、それは私たちが進むべき道ではないと考える。

2 準公営化と公営化、沿岸旅客の解決策のために

韓国の公共交通機関のシステムは政府が管轄しているものと、そうでないものに分けられる。ＫＴＸをはじめセマウル号、ムグンファ号などに分類される鉄道はＫＯＲＡＩＬ（韓国鉄道公社）の管轄にある。だが李明博政権以降、一部の路線を分割して大企業に参入させる民営化への試みが何度か行われ、現在は社内に分社を置くという便宜的な方法で部分的に民営化されている。地下鉄は政府が管理を続けていたが、新規路線を作るときは民間資本が参加するやり方で部分的な民営化を行っている。

バスの場合は急激な近代化の過程で、最初から民間企業にその役割が与えられた。列車や地下鉄は公共の部門だったが、長いことバスについてはそうした考えがされてこなかったのが現実だ。だがこの基本枠を変えたのが、当時はまだソウル市長だった李明博だった。清渓川《チョンゲチョン》の復元により近隣の交通問題が解決すると、バス路線の調整が必要になった。バス会社は強く抵抗し、結局のところ路線の権限はソウル市が持つ代わりに、バス会社に生じる損失をソウル市が無条件に補てんすることで合意した。私たちはそれを「準公営化」と

呼ぶ。公営化は国家がバスを所有する。準公営化と呼ぶのは各バス会社が独自のやり方で運用するが、路線などの調整で生じた損益だけは政府が埋めてくれるからだ。こうした理由から、バスの運用区間などいくつかのことを公共で決定することができる。では完全民営化とは何か？　バス会社が独自のやり方で運用し、金も自身で稼ぐことをいう。だが実際に完全民営化されているバス区間は、高速バスを除くと世界にほとんど存在しない。民間に委ねると運賃が高騰するだけでなく、少しでも採算の合わない区間はバスが通らなくなるからだ。バスも通らない区間ができるとその地域はそれこそ、人間の住む場所ではなくなってしまう。だからどの都市でも採算の取れない区間には、バス会社へ補助金を支払ってでも路線が途切れることのないようにする。

ヨーロッパの大半の都市は、地下鉄はもちろんバスも国や市が運営していた。韓国は国や市がバスを運営した経験がないため、一号線から地下鉄を作りはじめた頃を想像するといいだろう。政府が運営するのが当然だが一九八〇年代以降の民営化の流れを受けて、バス路線に民間企業が参入するようになった。韓国にはそうした記憶がない。

バスの公共性についての論議が李明博政権以降に登場すると、私たちは諸外国とは大きく異なるやり方で論じるしかなかった。バスは一度も公共部門に属したことがないため、政府はバス会社との協議でも不利な立場に甘んじるしかなかった。私たちはバス路線の開発の中心は民間のバス会社であると認識している。路線についての権限を公共が行使すると想像したこともなかった。法的にも民間のバス会社が保有する路線は、その会社固有の資産であるかのように認められている。つまり、バス会社の社長である父親が息子に会社を継がせると、保有している路線の相続も法的な権利として受け入れられているのだ。経済学的に見るとバス会社にとって重要な真の資産はバスと運転手ではなく、特定の路線なのだ。つまり公的な資産を私有化しているわけだ。常識では考えられないが、これまで私たちはこれを当然のように受け入れてきた。

こうした背景から公営化と準公営化という、実に韓国らしい論争が始まった。準公営化の内容は簡単だ。営業が苦しい既存のバス会社に地方自治体が補助金を支払い、それに相応する調整の権限を持つというものだ。李明博政権が導入したのがこのやり方だ。それに比べて公営化はかなりむずかしい。地方自治体が直接バス業に携わる公企業を作り、ここでバスを運用することを公営化と呼ぶ。これをやるには、今までバスを運行してきたバス会社から穏やかに権利を引き取るか、荒っぽく彼らを追い出すかしなければならない。優しい言い方をすると公共性の強化、恐ろしい言い方をすると国有化だ。

韓国では準公営化の施行のほうが楽だ。バス会社で発生した損失は政府が補てんするので、いい加減な経営で損失が大きくなっても逆に収益が上がる可能性がある。バス会社の立場からすると、準公営化になると利益が出ようが損益が出ようが、一定水準の補助金を受け取ることができる。そして無駄な費用をたくさん使うほど、つまり費用を減らそうという努力をしなければしないほど、より多くの補助金が出るようになっている。

普通の企業は死に物狂いで費用を減らすために技術と経営を革新するが、ここでは少し異なる状況が展開されている。経営革新をすると逆に補助金が減るため、適当にやりながら運用に必要な費用をより多く使うやり方がバス会社としてはベストだ。これが準公営化の罠なのだ。民間企業にある競争という脅威すらないため、バス会社の社長は家族の名前を経営陣に加える。すると政府の金を元に形成された利益を、経営陣が給料として持ち去る。もし経営に深刻な問題が生じたらどうするか？　構造の問題などあらゆるいいわけを並べて、政府がより多くの費用を支払うようにさせればいい。路線を数年ごとに更新しなかった場合、そして、その更新を意味あるものにさせる他のバス会社がない場合、準公営化は一部の企業と経営者の家族が国民の金を分配するのに最適な制度になる。これが現実に起きていることだ。バス会社の家族経営と系列会社の現状を見れば一目で分かる。表3で挙げた各企業は家族間の所有で複雑に絡みあっている。一族経営がこれだけの規模で強固に絡みあっている産業が他にあるだろうか。

現在の広域自治体でバスが公営化されているところはない。ソウルは李明博政権のとき

表 3　バス会社の家族経営および系列社現状

企業名	筆頭株主（持株比率）	第二位株主（持株比率）	第三位株主（持株比率）	第四位株主（持株比率）	第五位株主（持株比率）
三和商運㈱	チョ・ソンボン（54.96）	チョ・ジャンウ（16.52）	イ・ギョンスン（13.04）	チョ・チャンヨン（10.00）	イ・グァンソク（4.35）
興安運輸㈱	チョ・ソンボン（32.49）	三和商運（19.86）	チョ・チャンヨン（9.33）	チョ・ジャンウ（7.69）	イ・ギョンスン（4.99）
漢星旅客運輸㈱	三和商運㈱（29.83）	興安運輸㈱（29.76）	漢星旅客運輸㈱（22.60）	チョ・ソンボン（16.78）	チョ・ジャンウ（1.03）
冠岳交通㈱	興安運輸（28.8）	漢星旅客運輸（28.8）	三和商運（27.3）	シン・ギリョン（10.6）	シン・ギルスク（3.0）
企業名	筆頭株主（持株比率）	第二位株主（持株比率）	第三位株主（持株比率）	第四位株主（持株比率）	第五位株主（持株比率）
第一旅客自動車㈱	ウ・ジョンモク（43.24）	ウ・ジョンロク（27.97）	新盛交通（20.56）	ウ・セファン(8.23)	
新盛交通㈱	ウ・セファン（42.06）	ウ・ジョンモク（21.89）	ウ・イルファン（11.64）		
新仁運輸	ウ・ジョンモク（代表取締役）	ウ・ドンファン（代表取締役）			
企業名	筆頭株主（持株比率）	第二位株主（持株比率）	第三位株主（持株比率）	第四位株主（持株比率）	第五位株主（持株比率）
南城交通㈱	イム・グムホ（34.09）	キム・ヨンサン（27.54）	エコプラス㈱（12.30）		
大進旅客㈱	イム・グムホ（26.98）	イム・ソンホ（13.72）	キム・ヨンジン（13.26）	ペ・ドンシム（13.26）	
東星交通㈱	キム・ヨンジュン（34.74）	イム・ソンホ（21.74）	イム・グムホ（21.52）		
企業名	筆頭株主（持株比率）	第二位株主（持株比率）	第三位株主（持株比率）	第四位株主（持株比率）	第五位株主（持株比率）
㈱大元旅客	クォン・ドンヒョン他（46.67）	ホ・ミョンフェ他（23.33）	大元高速（30）		
㈱大元交通	大元高速（46.84）	クォン・ドンヒョン（46.84）	ホ・ミョンフェ（4.39）		
企業名	筆頭株主（持株比率）	第二位株主（持株比率）	第三位株主（持株比率）	第四位株主（持株比率）	第五位株主（持株比率）
松坡商運	イ・ボンヒョン（代表取締役）	イ・ジョンオン（代表取締役）			
常進運輸	イ・フンヒョン（37.12）	イ・ボンヒョン（21.97）	松坡商運（17.05）		
企業名	筆頭株主（持株比率）	第二位株主（持株比率）	第三位株主（持株比率）	第四位株主（持株比率）	第五位株主（持株比率）
道原交通㈱	キム・ジョンウォン（43.24）	キム・ジョンファン（35.14）	キム・ヨンア（21.62）		
慶城旅客自動車	キム・ジョンウォン（代表取締役）	キム・ジョンファン（代表取締役）			

イ・ヨンス 公共運輸政策研究院『バス業の現状と公営化導入のための段階的推進案』2014

に準公営化を実施したが、ひとたび準公営化が実施されると特定の路線を持った企業が完全に「ワンマン経営」をするようになる。経営がうまくいけばより多くの金を稼ぎ、経営がうまくいかなければ政府がさらに多くの補助金をくれる。しかも準公営化のシステムに適度に合わせながら、政府が望む路線の変更に少しだけ協力するふりをすれば、この特別な権限を自身はもちろん、親戚にそっくりそのまま渡すこともできる。

だからこそ、ゆっくりでも構わないから少しずつ公営化に進まねばならない。準公営化と公営化はそっくりに見えるが、少し目を凝らすだけでまったくちがう結果を生むということが見いだせる。時間が少しかかっても経営状態の悪い企業は持株を買い取ってやる程度で満足させて、公営化を実施する必要がある。準公営化にすると自身の持株を買い取ってくれる程度で満足する企業が生き残り、国民の税金を私的に持ち去るようになる。しかも家族はこの制度で毎月数億ウォンの給料を受け取り、会社は適度な時期に子へ継がせる、永遠の王国が誕生する。準公営化は公営化へ進む前段階のように見えるが、いったんそうした方法で力を回復した企業を政府が引き継ぐ可能性はほとんどない。政府が潰れかけている企業を国民の金で優良企業に立ち直らせ、彼らの損失を国民の税金で補てんし続けるしかない構造こそが準公営化の罠なのだ。この構造にいったん入ると、よほどの行政のプロが登場しない限り、決して公営化に転換することはできない。だからまだ準公営化に転換していない京畿道で、どうせやるなら少し遅れてもバスを公営化するべきだという論議が出たのはそのためだ。

バスの準公営化によって広がったこの状況が、船に当てはまらないということはない。島の住民のための二十七の補助航路については、十分とはいえないが今も政府の補助金が支給されている。現在の韓国の沿岸旅客では、準公営化が行われていると見ることができる。では他の国の場合はどのようにしているだろうか。

沿岸旅客の管理のむずかしさを感じているのは韓国だけではない。特にスウェーデンの事例は多くを示唆している。スウェーデンは企業・エネルギー・通信交通省がバス、航空、鉄道、船舶まで統合的に管理する。一九九八年までスウェーデンの沿岸旅客は、政府所有の旅客会社が運航していて、運賃は無料だった。その費用はどこで用意されていたのか。当時は自動車の税源をあてていた。最近のわが国が経験している規制緩和の措置がスウェーデンでも取られた。民営化に伴い、船会社は入札制に変わった。その後は乗客が払う運賃を政府が受け取る代わりに、民間の旅客会社には政府の補助金が支給される形に変わった。それでもこれは乗客と利潤が連動しないので、乗客数の急激な変動や原油価格の変動のようなショックに見舞われても、あおりを食らうことはない。こうして見ると、スウェーデンは民営化後に民間の旅客会社が沿岸旅客の運用に参入したが、今も公的管理の色合いが濃い。これは特殊な公営化と見るのが正しいだろう。

スウェーデンは自国の政治的な状況のために、無料で運行していた政府の船を民営化した。だが今も公営化の性質を持ったまま運行されている。アメリカのワシントン州は独自の旅客会社を運営している。スウェーデンとは異なりデンマークは、今も政府と地方公社が船舶を保有している。代わりに運行は民間の事業主や地方の公企業が担当する。スコットランド、カナダ、日本などがこれに近い。カナダは連邦政府が直接フェリーを運用しているが、一部の区間は無料で運行されている。日本はこれに加えて離島航路、つまり遠くにある島は民間だけでなく、自治体や非営利団体などが直接に船を運航する。

整理すると、国ごとに色々な歴史的背景や状況によって中央政府がより介入していたり、地方自治体が直接に船会社を運営したりするなど、経済性がとうてい見込めない地域も船の運行が途切れないようにしている。そして車を運搬するフェリーについては、かなりの数の国家が船会社を直接運営している。

それぞれ勝手にそこで商売せよとばかりに、沿岸旅客を市場の論理だけで運用している国は少なくともわが国より裕福な国には見当たらない。このまま民間の領域に置き続ければ結局は収益性の問題で撤収することになる。この数十年間、沿岸旅客を管理する先進国でもっとも見られた現象だ。そして公共性を強化するやり方も、さらに補助金を与えて強引に運行させるのか、それとも中央政府や地方政府が赤字を受け入れて直接運航するのかなどの選択は地域によって複雑だ。無条件に赤字を受け入れて公共で運営すると税金を払いたくないという国民の反対や、民営化を要求する保守勢力の強い声にぶつかるかもしれない。このなかでどうやって問題を適切に解決するか、沿岸旅客の管理のむずかしいところだ。だがどんなケースであれ、政府が公共サービスを維持する責任から完全に降りるというのは、先進国の政策ではない。しかも経済性の悪化した民間企業の経営問題を解決するために、生徒を旅行に送るという方法で政府が介入するケースはどこの国でも発見できなかった。これは政府が国民の税金で責任をとるやり方ではなく、国民の有り金をはたいて民間企業の利益をお膳立てしてやったというざまになる。

それでは色々な国のなかで、韓国にとって参考になりそうなのはどこだろうか。ここではカナダだろう。カナダの港湾は運輸省が管理しており、船舶の運行と航路のサービス、つまり韓国でいうところの沿岸旅客の管理はカナダ漁業海洋省所属の沿岸警備隊で行っている。この組織の性質をどう理解するかは人によるだろうが、とにかくカナダは沿岸旅客の基本的な入出港の管理を私たちのように韓国船舶組合のような外部組織に渡さず、直接行っている。島と海の沿岸が多い韓国はあまりにも多くを民間に手ばなして、いい加減にやってきたわけだ。韓国海運組合の資料から韓国の船会社を探ってみよう。二〇一〇年度は全部で六十五の船会社のうち、営業に関する資料があったのは五十三社、二〇一三年基準では六十三社だ。これを基準に二〇一三年を推定してみると、韓国の沿岸旅客の総資本金は五百八十億ウォンほどだ。数字だけで考えると、この五百八十億ウォンさえあれば国内すべての船会社の資本金を獲得できる。資本金に資本剰余金、利益剰余金、当期純利益を合わせた資本総計を推算してみると、二〇一三年基準で千八百億ウォンを少し超える。引き継ぐときに考慮せねばならないのが会社の負債だ。これら企業の流動負債は約五千七百億ウォン程度と推定される。だが船と建物を含む固定資産の総額は三千億ウォン未満だ。つまり大部分の会社が自社の固定資産よりはるかに多額の負債を抱えているという意味だ。

船会社を引き継ぐ具体的な条件は状況によって異なるだろうが、単純に資産総計と流動負債だけ計算するなら、韓国全体の沿岸旅客を公営化するのにとりあえず必要な費用は一兆ウォンほどだ。

資本金の規模だけ見ると半分以上の会社が十億ウォン未満だ。十億ウォン以上になる会社も五十億ウォンていどだ。この会社を政府が引き継いで、いわゆる完全な公営化を行うとしたら一兆ウォン未満の金で可能なわけだ。つまり完全な公営化は不可能ではない。これは政策の問題であり、韓国の沿岸旅客システムを今後どのように牽引して行くかという

表４　分析した船会社全体の貸借対照表（単位：百万ウォン、％）

勘定科目	2010年			2009年			企業平均増減率
	分析会社（53社）		占有率	分析会社（56社）		占有率	
	合計	企業平均		合計	企業平均		
純資産総計：	848,369	16,006	100.0	804,360	14,364	100	11.4
：流動資産	334,499	6,311	39.4	339,246	6,058	42.2	4.2
：投資その他	256,996	4,849	30.3	249,344	4,453	31.0	8.9
：固定資産	252,994	4,773	29.8	215,005	3,839	26.7	24.3
繰延資産：	3,880	73	0.5	765	14	0.1	421.4
負債および資本総計：	848,369	16,006	100.0	804,360	14,364	100.0	11.4
負債総計：	692,512	13,066	81.7	656,001	11,714	81.5	11.5
：流動負債	478,772	9,033	56.4	400,397	7,150	49.8	26.3
：固定負債	213,340	4,025	25.3	255,591	4,564	31.7	△11.8
：繰延資産	400	8	0.0	13	0	0.0	
資本総計：	155,857	2,940	18.3	148,359	2,650	18.5	10.9
：資本金	48,713	919	5.7	50,154	896	6.2	2.6
：資本剰余金	11,918	225	1.4	14,086	252	1.8	△10.7
：利益剰余金	95,226	1,796	11.2	84,119	1,502	10.5	19.6
：当期純利益	17,238	325		32,807	586		△44.5

資料：韓国海運組合

判断の問題だ。

このように政府がすべての船会社を引き継いで完全な公営化に持って行くと、見た目上もっとも良い点は非正規職のような小さな船会社ではどうすることもできない問題を政策で解決できるという姿だ。何よりも現実的な長所は、ソウル市のバス準公営化で一部の会社に見られるような特定の一族による小王国のような現象は原則として遮断できるという点だ。

表5　沿岸旅客船業界の資本金規模

資本金規模	2010年（53社）	比率	2013年（63社）	比率
5億未満	24	45.28%	28	44.44%
10億未満	10	18.87%	11	17.46%
10億以上	19	35.85%	24	38.10%

資料：韓国海運組合『沿岸旅客船会社の現状』

セウォル号の惨事以降、老朽化した船舶の代わりに新しい船舶の購入にかかる費用を支援するなど、政府は色々な補助金を支払うようになるだろう。そうなると大半が五億ウォン未満、高くてもせいぜい五十億ウォンの資本金しか持たない船会社は自社の経営の成果と関係なく、安定した収益構造を確保するようになる。公共交通機関は地域独占の性質を強く持っているため、いったん根付くと他の企業に替えることは簡単でない。路線の入札制といえば聞こえはいいが、安定していた路線に他の企業が入り込んでより高い競争力を持つことは簡単でないし、何より公企業でなければその競争力を証明することがむずかしい。「悪いヤツ」と「もっと悪いヤツ」のなかから選択するのと同じことになる可能性が高い。

　だからこそセウォル号の惨事をきっかけに、準公営化への道に進んではならないのだ。これは少なくて数億ウォン、多くても百億ウォン未満で公共が引き継ぐこともできた船会社を放棄することになり、今の船会社の一族に永遠の王国を与える危険性をはらんでいるのだ。これ以上事故が起きないために国民が進んで増税に同意するとしても、問題はその金を確実に公共の安全と便宜に向けさせることにある。だが準公営化に進めば、持病がさらに悪化する可能性は非常に高い。

　ならば一兆ウォン規模の予算で、沿岸旅客を完全な公営化に転換すれば済むことではないのか。これは金の問題ではない。ソウル市や京畿道のバスを公営化するのに必要な金額は、それぞれ一兆ウォン以上だ。それに比べて沿岸旅客全体の公営化に必要な金額が一兆ウォン程度だとすれば、これは金額の問題ではなく政策基調の問題だ。だがこれは簡単なことではない。この提案を社会的に導き出したとしても、今の政府がこの案に移行する可能性は低い。今の政府はセウォル号事件の前はもちろん、現在も民営化を自らの存在理由だと考える人びとの集まりだからだ。

　それでは清海鎮海運を見ながら息を潜めている企業に、新しく船を買って安全のために投資をせよと補助金を出す以外、方法はないのだろうか？　代案がないわけではない。小規模で、さらに複雑で、不便な方法だが考えてみる価値のある代案がないわけではない。

まずは清海鎮海運が運行していた仁川―済州路線をどうするか考えてみよう。これまでのように適当な企業に政府が路線の運営権を与え、好きなように、再び安全に船を運行しろという方法がある。おそらく特別な社会的論議がなければ、政府はこの方法を選択するだろう。もし強い抗議でもあれば、他にどんな代案があるのかと反発することだろう。

技術面だけで見るなら仁川―済州というフェリー区間は、人が乗る旅客と荷物を載せる貨物、二つの要素が混在している。前述したように、旅客の経済性は今も不透明だが、貨物は社会の必須要素である。何よりもまず、この二つを分けてから近づくのか、それとも今のように一艘の船で二つの問題を解決するのか論議すべきだ。もし、そうした激しい論議もないまま以前のやり方で新しい船会社を投入すれば、ああした経済性の不透明な区間は、セウォル号のような大きな事故の危険性を抱えたまま進むことになる。

近いうちに、古すぎる船の運航、セウォル号が行っていた増築などの不法な改築、旅客船のように安全管理が必須な環境での臨時職や派遣職の雇用をすべて禁じる措置が取られる可能性が高い。とにかく新たに選出される船会社は、清海鎮海運よりも運航条件がかなりきびしくなるだろう。そうなった場合、損害さえ出なければラッキーという路線にどこの誰が参入するというのか。

私の提案はこうだ。清海鎮海運の資本金は約五十五億ウォン。仁川、済州とともに必要ならソウル市まで共同で公共の船会社を設立するのも解決策になるだろう。地方自治体に新しい船を買う金があるのかという指摘もあるだろう。いずれにせよ船を購入する費用は金融機関の援助を受けるのだ。重要なことはまともな運用と効率的な管理だ。船を買う金で船会社を切り回すことではない。必要なら産業銀行など中央政府から金利の支援を受けてもいいだろう。そして新たな運行路線が入る公共旅客には、募金などを通して市民が参加してもいいだろう。軍事施設でも政府の秘密の施設でもないのに、市民の参加を排除する理由は特にない。船の運航を透明なものにして多くの市民が参加すれば、今後起こり得る危険も予防できる。またこれは犠牲になった魂に、事後とはいえ参加する権利を与える行為にもなるだろう。時間が少しかかっても、やってみることはできるはずだ。すでにカナダ、日本、スコットランド、デンマーク、ノルウェー、そしてワシントン州まで地方自治体が自発的に船会社を運用しているではないか。

今の韓国の沿岸には九十九の路線がある。これらの路線をその地域の自治体が直接運営するのか、これまで通り民間への委託を続けるのか、これに伴って発生する危険要素はないのか検討する機会を希望する。

おそらくこの過程を「段階的な公営化」と呼ぶことができるだろう。この過程で船の運用に秀でた民間企業が見つかれば、その長所をうまく活かせばいい。そうでないところは地方自治体が参加する範囲を広げて行きながら、民間と公共が競争して共存するやり方を選ぶこともできる。私たちがセウォル号の惨事で知ることになった問題を、公共という次元で解決できる方法が確かに存在するのに、検討もせずに今までどおり進むのは安全かつ経済的な選択とはいえない。ここで方向を誤れば、セウォル号の事件をいいわけに清海鎮海運のような一族経営の企業へ、さらなる金が流れ込むことになる。それが安全を守ることと、社会の正義と何の関係もないのは明らかだ。そのように進んではならない。この先、国民の税金で幽霊船を韓国の沿岸に漂泊させ続けるつもりなのか。セウォル号はその始まりにすぎない。

3　便乗しようとする人びと「惨事便乗型資本主義」

耐えきれないことが起こると、人はよく「パニック」と呼ばれる感情に陥る。驚き、慌て、悲しみ、そして混同して何も言えない状況になる。ごく自然なことだ。セウォル号の惨事のあと、テレビはもしかするとあるかもしれない希望について語り続けたが、望みはかなり薄いとほとんどの人間が知っていた。だがその事実はもちろん、どんな話も申しわけなく、ひどく苦しいから口を閉ざしていたのだ。

だがその状況を一種の「好機」と捉え、人びとがまだ茫然事実としているあいだに「便乗」しようとする人間がいるとしたらどうだろう。恐ろしい。だがこれが現代の資本主義の基本的な方向だとしたら？

このようにあきれる状況が存在するという事実を初めて知ったのは、中学生のときだった。ジェームス・ディーンが出演する映画『エデンの東』を観た私の脳裏に焼きついたものは、主人公が第二次世界大戦になったら穀物が必要になると予想して、豆の買い占めをするシーンだった。戦争は悪いこと、純真にそう考えていた幼い私としては戦争の被害に遭っていないアメリカで、その戦争に影響されるだろう穀物の値段を予測して活用する人間がいるというストーリーは非常に衝撃的だった。映画に登場する双子の兄弟の親をめぐる嫉妬、愛する恋人をめぐる争いよりも、戦争が取り持つ買い占めに驚き、そちらに目が行ったようだ。

これがまさに「便乗」だ。これを世界統治という見地から真摯に分析した本がある。ナオミ・クラインの『ショック・ドクトリン』だ。ナオミ・クラインは韓国でも紹介された『ブランドなんか、いらない（原題：NO LOGO）』で世界的なベストセラー作家になった。『ショック・ドクトリン』で彼女は一九九七年のアジア通貨危機、二〇〇三年のイラク戦争、さらには九・一一アメリカ同時多発テロ事件、ニューオリンズを襲ったハリケーン「カトリーナ」を例に挙げ、人間が大きな災害に驚愕して慌てているとき、多国籍企業や統治勢力はやりたかったことを、より強力に展開すると述べた。これを「惨事便乗型資本主義」という。実際にアメリカ同時多発テロ事件によってブッシュ大統領はイラク戦争を強行し、自身の勢力をさらに強め、人びとの憂慮をよそに再選を果たした。私たちはよく災害を通して社会が良くなり、改善されるだろうと考える。だがそれは善良な人間だけが持つ自己反省だ。今日の「惨事便乗型資本主義」というシステムのなかでは、酷い事故が起きると問題が改善されるというより、その反対に動く場合が多い。これがナオミ・クラインが私たちに示した無残な現実だ。事態の酷さの前に人びとが茫然としている間に資本主義の冷徹な統治のメカニズムが、迅速かつ効率的に作動する。胸が痛むがこれが真実だ。

こうした洞察を記した本にレベッカ・ソルニットの『暗闇のなかの希望』がある。この本はアメリカで九・一一テロ事件後に、ブッシュ大統領が再選に成功したという絶望から生まれた。レベッカ・ソルニットはこの本で、大きな事故が起きると人びとが右往左往しているあいだに支配者は自身の実益はもちろん、今までやりたかった新たなプログラムを実行する下地を一気に作るが、これをどのように防ぐべきかと苦悩している。

その後の著書『災害ユートピア』では、こうした災難は人びとが持っていた既存の価値を疑わせ、市民社会が前向きに再構成され、そのなかで新たな社会の出発点を作ると結論づけている。災難の通常のイメージは少数の権力者の恐怖が呼び起こした想像であると同時にメディアが広めたイメージにすぎず、逆に災難のなかで人間は利他主義という「人間の本性」と「連帯意識」を経験するようになるというものだ。レベッカ・ソルニットはこの本で災難をきっかけに、以前からやろうとしていたことを結局はなしとげてしまう支配者ではなく、ボランティアなどで連帯感を持って集まった人びとのなかで発生する市民の本性の回復に視点を移している。これは災難をどう見るかに対する、二つの相反する視角だといえる。

では、セウォル号はどちらの視角を作り出すのだろうか。ここでは『暗闇のなかの希望』でのレベッカ・ソルニットの観点と『ショック・ドクトリン』でナオミ・クラインが定義した「惨事便乗型資本主義」という観点から探ってみようと思う。つまりこの状況で権力層はどのように動き、どのように自身の勢力を庇護したり拡大させたりするのかを見てみようと思う。

セウォル号の惨事を受けて政府側で責任をとるべき者は誰だろうか？ 誰かひとりだけ罷免せねばならないとしたら？ 海洋警察は解体したが、これほどの事態になったことに対する究極の責任は監査院にあると考える。監査院は何かがうまくいくための組織ではなく、過ちを防ぐ組織だ。海洋警察はもちろん、正常なシステムのなかでは政府や公企業などの問題を普段から点検するのが監査院の務めだ。だがこのシステムは作動しなかった。どの企業にも監査があるように、韓国で生じる大小の腐敗も監査院で点検していなければならない。各省庁で決定がむずかしい内容、たとえば沿岸旅客の業務を外部に委託するほうがいいのか、海洋警察のような政府の組織が直接担当するほうがいいのか、こうした構造的な問題の検討は企画監査などの権限を持った各省庁の監査室で行う。

だがこうした監査の役割は作動しなかった。その理由は公企業、政府の省庁などに存在する監査職の面々を見れば分かる。そこは政権が自身の取り巻きの面倒をみてやるために送る場所だ。いいかえれば、自分の友だちに対する監査はしない人間だけを座らせているのだ。だがセウォル号の惨事でこの監査の問題は提起されていない。

では現在の韓国政府が、セウォル号の惨事の責任をどのようにとったか見てみよう。前で述べたように、大統領府は「海洋警察は解体するのが正しい」としながら、政府自身は災難管理でいかなる法律的・行政的責任もとらないという形に変わった。では九・一一テロ事件のとき、ブッシュ政権はどうだっただろうか。アメリカは大規模なテロに関する業務の必要性を強調し、沿岸警備隊（ＵＳＣＧ）と連邦緊急事態管理庁（ＦＥＭＡ）などを編入して国土安全保障省（DHS）を作った。そしてホワイトハウスの国家安全保障会議（NSC）にあった危機管理を総括する機能を移した。ブッシュ政権二期目でとられた一連の措置は、「安全（safety）」よりも「安保（security）」つまりテロとの戦争の方に重きを置いたものだった。一種の巨大な防諜部隊を作ったのだ。

だがこのシステムは二〇〇五年、ハリケーン・カトリーナに見舞われたときに問題を起こした。国土安全保障省はテロ関連の業務が中心になっており、すべてが再編されていた。そのため国土安全保障省が対策の総指揮をとるべきか、昔からこの種の災害が発生すると指揮してきた連邦緊急事態管理庁がとるべきか右往左往している間に、ニューオーリンズで千八百人以上が死亡した。発生から三十六時間が経過してようやく、連邦緊急事態管理庁が指揮をとることになった。

韓国は洪水、台風、火災など陸地で起きる災難の場合、現場の指揮は消防防災庁がとることになっている。だが今回のセウォル号の問題をきっかけに国民安全庁が新設されることになり、消防防災庁の指揮はもとより、現場での実務的な役割も整理されていない点が多い。こうなるとアメリカでカトリーナが発生したときのように、指揮体系がはっきりしないという問題が発生する可能性が高い。ではアメリカはどうしたのだろうか。カトリーナ以降、アメリカは再び災難管理のコントロールタワーをホワイトハウスの国家安全保障会議に移した。

保守的な政権は一般的に情報と安保の機構を増やすことを好む。アメリカで九・一一をきっかけにブッシュ大統領が国土安全保障省を設立することで進めた安全と安保の組織化は正しかったのか、今も議論は多い。だがひとつだけ、韓国の海洋警察解体と異なる点がある。少なくともホワイトハウスが自身の責任から逃れるためにこうした措置をとったのではないということだ。韓国では現職の消防隊員や消防防災庁からの強い反発にもかかわらず、新設される国民安全庁にシステムを強引に転換させようとしている。これは国務総理の傘下に業務を移管することで、今後は大統領とその参謀は災難の現場で見学しながら報告を受けるだけ、何の決定もしないという意図を明白に見せている。

つまりセウォル号の惨事をきっかけに自身が責任をとる任務から抜け出す、責任を免除するシステムを作っているのだ。これがまさに韓国で起こっている「惨事便乗型資本主義」の様相だ。これだけではない。問題が発生したついでに、以前からやりたかったことを一緒に処理する事態も起きている。

五月、国家公務員の五級事務官を選抜する公務員試験の規模を半分に縮小する方針が持ち出された。この名分は次の通りだった。頻繁な循環勤務のために安全分野の専門性に関する知識が不足している公務員が国家の災難業務を行うことには問題があるため、中間管理者クラスを採用する制度である五級公務員の公開競争採用試験の選抜規模を縮小するというものだった。

公務員試験の縮小は、韓国の経済エリートが一九九〇年代の中盤から後半にかけて常に要求してきた「請願事項」だった。今も国家公務員法は博士、弁護士のように「同じ種類の職務の資格を有する者を任用する場合」、四級と五級は試験を免除する特別採用の選抜の道を開いたままだ。また「外国語に精通していて国際的な素養と専門知識を備えた者」も任用できるようにした。専門性を保証しようという趣旨だ。だがこの条項は「クソ豚条項」とも呼ばれている。本来の趣旨とは異なり、外国に早期留学した政府高官の子が公務員として就職するルートによく使われるようになったからだ。三級以上のキャリアについては開放されている職位が別に規定されている。

二〇一〇年、五級事務官の特別採用に書類審査と面接だけで通ったことが問題になり、結局は採用が取り消された長官の娘の有名な事件があった。この事件の余波で公務員試験を廃止して特別採用だけにするなど、別の案を立てようという論議が見送られることになった。大っぴらにこの論議を再開するのはむずかしそうなので、五級の公開競争採用試験の比率を半分に下げて高官クラスと特権層の子の採用を容易にするため、この問題の背景にセウォル号を置いたのだ。これが典型的な「便乗」だ。

実務の面だけ見るなら、公務員のシステムは以前に比べると専門家など外部からの参与がある程度は可能になったほうだ。未だに閉鎖的な公開競争採用のシステムが残っているのは韓国放送公社（KBS）、韓国電力、韓国銀行のような公企業、または公共団体だ。こうしたところも、外部の専門家が技術的分野などに参与する枠を拡大させる論議をさらに進めるべきだ。だが今回の公務員試験の五十パーセント縮小の方針は、実際には専門知識を持つ外部の人材を必要なところへ柔軟に受け入れる案の拡大とは程遠い。これは国家公務員の公開競争採用制度の根幹を揺るがすものだ。セウォル号の惨事で見たではないか、海洋系の省庁を退職した官僚が船舶の安全を守る傘下機関に入り、公的な人脈を悪用して政府の管理監督機能を無力化させるのを。こうした天下り、内部結託などの問題を解決するためだと言っているのだ。

諸外国における官僚候補レベルの公務員採用制度を探ってみよう。アメリカの公務員採用制度は試験がないのが特徴だ。またヨーロッパの大多数の国家は任用試験を受けたり、国立行政学院（ENA）のように特殊な官僚養成学校を卒業したりすることを求めている。この学校はどんなところだろうか。韓国の博士課程に相当し、試験で選抜され学費は無料だ。

もちろんこれらの国でも、そういった学校を卒業したエリート公務員への批判は今も存在する。だが貧しい人にも試験と学費は公平に保障されているという点は、身分が保証され一生公務員として勤められる経歴職公務員を、書類と面接だけで採用する韓国とは異なる。では韓国はどんな公務員のシステムを持つべきか。政務職と別定職（日本の公務員の特別職にあたる）が多いので、選挙の結果次第で多くの公務員が行ったり来たりするだけでなく、地位も大幅に変更されるアメリカ式のシステムがいいのか。それとも基本的には試験を受ける国のシステムがいいのか。どちらにしても、まずは社会の合意と討論がなければならない。それくらい重要で、調査が必要な点と条件が多いのだ。だが今のように全国民がセウォル号の惨事で余裕がない間に、こうした国家の運用の根幹にあたるシステムをこっそり代えるのは、ナオミ・クラインが述べた典型的な「惨事便乗型資本主義」の一環だと言わざるを得ない。

セウォル号の惨事で戻ってこられなかった、または戻ってきた生徒を中心に考えてみよう。彼らの何名かが「こういう問題が二度と起きないようにしたい」という希望を胸に、公務員試験の準備をして安全に関する重要な業務を預かる人間になるかもしれない。だが彼らが大学を卒業する頃には、現在五十パーセントしか残されていない五級の公開競争採用試験は、あの者たちの意図によって〇パーセントになり、廃止されている可能性が高い。専門家の特別採用は弁護士や博士などの資格がある人間か、外国への留学経験や外国企業での勤務経験がある者、または金融機関など特定の職種で長期間の勤務経験がある者が主な対象になる。

弁護士はすでに高い学費を払わねばならない韓国式ロースクールのシステムに転換しているところだが、公務員になるため博士課程の勉強までするということは趣旨に合わないし、正常な状態でない。事故の被害者だというのに、その事故によって自身の未来を選択する可能性が急減するというこの呆れた状況。事態の解決とは関係なく、自身の宿願でもある請願事項を処理することで、結果的には被害者のさらなる潜在的被害を増やす措置。これをどう説明するのか？

公務員試験の五十パーセント縮小は必要なことだったかもしれない。だがそれがセウォル号の局面でもっとも重要で緊急だったのか。それよりは行政管理の失敗の責任を問うこと、監査院長を辞職させること、全体的な監査のシステムを整備すること、長期的な計画を立てることが、公務員の任用システムを変更する前にとるべき必要な措置ではないのか。この一件で大量の「外国語に精通した者」が韓国の指導層になる道が開かれたが、これは順序も方向性も合っていない。

公務員を試験で選抜するのか、履歴書のいわゆる「スペック」を見て選抜するのか。これは今もはてしない論争のテーマだ。アメリカ以外の国は公務員を選ぶときに試験を行う。

日本は二〇〇六年から民間分野の特別職を対象に特別採用を運用したが、これも基礎能力を検証する試験と論述試験を実施している。これが良いのか悪いのかは、国政のシステムを運営する与党の好みと趣向で変わってくるだろう。いずれにせよ長いこと運用されていた社会的な合意を変更する過程がこのように数日で構成されるというのは、人間が哀しみとパニックに陥っている状況を悪用したものだと見ることができる。

大統領府は責任をとらないやり方の安全システムに転換したり、五級事務官の公開競争採用試験を五十パーセント縮小したりすることは、一般市民からすると遠いところにある行政システムでの「惨事便乗型資本主義」といえる。別の面から考えてみよう。社会副首相というポストの新設をどう見るべきか。

前に挙げたものが「惨事便乗型資本主義」といえるなら、これはフーコー流に言うところの「監視と処罰」といえるだろう。セウォル号の対策の一環として教育、社会、文化を担当する、いわゆる非経済分野を総括する社会副首相が新設された。二〇〇八年に李明博政権で教育副首相が廃止されてから六年ぶりに、この分野の副首相が新設されたわけだ。本来あったものが一時無くなり再び生じたと見ることもできるが、今回の性質は大きく異なる。

教育副首相は名前の通り、教育は非常に重要だから一般の長官職よりも格上げしてさらに高い地位を与える、それこそ教育に対する優待の性質が強かった。だが今回は元来の教育副首相に戻るのではなく、性質はさらに拡大される。教育、保健福祉、安全行政、文化体育観光、雇用労働、未来創造科学、女性家族の七つの省庁を総括する。保健福祉や雇用労働、未来創造科学はなぜ経済の分野ではないのか、少し曖昧だ。とにかくこの非経済分野、つまり社会分野を総括することになる社会副総理は教育部長官が兼任している。

もちろん今回のセウォル号の惨事で教育部は、修学旅行の全体的な管理でミスを犯した責任をとらなければならない状況だ。各地の教育庁と教育部の権限と責任の分野が複雑に絡みあってはいるが、自身の所轄事案でないと避けることのできる立場ではない。必要に応じて直接の捜査を受けるべき内容があるかもしれないし、全面的に監査を受けることになるかもしれない。職員の一部が被疑者になるかもしれないし、機関そのものが監査の対象になるかもしれない。

賞罰を基準に見ると教育部は罰を受けるべき機関のようだが、教育部長官が社会副首相に格上げされるのとともに、組織のステータスが高くなる賞を先にもらった。これははたしてしかるべき措置なのかという質問とともに、よりによってなぜ社会副首相の機能が教育側に行くようになったのか問わざるを得ない。

ここでフランスの哲学者、ルイ・アルチュセールの国家のイデオロギー装置に関する話から引用してみよう。アルチュセールは国家を統治する装置を「抑圧装置」と「イデオロギー装置」に区別した。イデオロギー装置の核心こそ教育だ。彼は国家が社会を掌握する過程で核心となる装置を教育と見たわけだが、今回の教育副首相の新設はアルチュセールの主張を実用的に、そして逆の意味で応用したに近い。

教育を軸に作られる新たな国家機構、近いところでは大学生から中高校生まで今以上に監視をするし、今より積極的に処罰するという「監視と処罰」の公然たる宣戦布告と見ることができる。セウォル号の追悼集会にやってきた高校生たちは何と叫んでいたか。「じっとしていろ」だった。もうこれ以上「じっとしていない」と高校生が言うのは当然のことだった。だがその当然の自覚と質問を教育部の権限を強化することで遮るというのが、この改変のメッセージだ。

こうした変化を大統領府は、大統領の権限を弱める意思だと説明している。だが国民安全庁の新設のように、下できちんと監視して確実に処罰しろという言葉のようにも見える。二〇〇七年の大統領候補選で有名になったチュルプセ（税金と政府の規模を「減らし＝チュルダ」、不要な規制を「緩和し＝セウダ」、法秩序を「立てよう＝ブルダ」という朴槿恵候補の公約の略語）の「立てよう」がまさに法と社会の秩序を立てる、だった。高所得者に対する減税、民営化、ここに「監視と処罰」による秩序を立てることが、大統領の昔からの公約で国政運営の基礎だった。これをセウォル号の惨事をきっかけに社会副首相を立てて行うということだ。これが「惨事便乗型資本主義」の正にクライマックスといえる。事件の原因を提供した者のひとりとして調査を受けるべき人間たちが、逆に「監視と処罰」をする立場になったのだ。こうした国家規模の「惨事便乗型資本主義」よりは小規模だが、この問題をもっとも象徴するようなシーンがＭＢＣ（文化放送）から出てきた。

「制作拒否しないのか？　ＫＢＳもしてるってのに、あんたたちはストライキしないのか？　何でじっとしてるんだ？」Ｋ部長がニヤニヤ笑った。彼は現在、ＭＢＣ幹部の一員だ。無視して背を向けると、彼が再び聞いた。「こんなことなら、どうして二〇一二年に百七十日ストライキをやったんだ？　あのときのお宅らのスローガン通りなら、今も〈全員、退陣しろ〉って飛び出していくべきなんじゃないのか？　どうして今はじっとしていらっしゃるんでしょうか？」皮肉は続いた。「公正な放送を叫んでいらっしゃった立派な記者様がどうして？　何が恐ろしいのでしょうか？　ああ、団体行動すると全員が追い出されて、中途採用でその穴を埋めるかもしれないから？　それを知っちゃったら、息を潜めていらっしゃらないとね」

会社側は構成員をどんどん窓際に追いやっていた。ＭＢＣは再び岐路に立っていた。だがストライキに突入した二年前とは、状況があまりにもちがっていた。団体行動に入った瞬間（われわれは会社もこれを望んでいると判断している）に、経営陣が待ってましたとばかりに代わりの人間を大勢投げ入れ、今いる人間を大量に追い出す手続きを踏むであろうことは目に見えているからだ。これを知っている記者たちはためらうしかなかった。懲戒のせいではない。会社側が望む「入れ替え」を受け入れ、全員で立ち上がるべきなのか、長期の戦いを準備すべきなのか、去るのか残るのかの問題だからだ。

——「根絶やし作業が緻密にくり返し」……ＭＢＣは今
（ＭＢＣ記者が『ハンギョレ21』に送った文）、『ハンギョレ21』二〇一四年五月二十四日

セウォル号沈没の局面で、本来の機能を果たせなかったマスコミに対する社会的な問題提起はもちろん、マスコミに従事する者の自己反省などは非常に重要な状況を作りあげた。この渦中にＫＢＳは大統領府の意向を受けて、社長が政府批判を控えるよう報道の現場に圧力をかけた事実が報道局長によって暴露され、記者らもストライキを行うなど社長が退任する転換点が生まれた。だがＭＢＣの場合はまったくちがった。速報で全員救助の誤報を流したのに続き、セウォル号の乗客の遺族が受け取った保険金を紹介したのもＭＢＣ

だった。だがＭＢＣ内部での闘争は簡単ではなかった。ストライキに突入した瞬間、ヘッドハンターなどを動員して全員を中途採用に入れ替えるという確固たる内部方針を経営陣は持っていたようだ。動くこともじっとしていることもできない罠のような状況だ。セウォル号の報道に対する内部批判が起きれば気に食わない社員を追い出すきっかけにしようというＭＢＣ経営陣による「入れ替え」作戦。これは「惨事便乗型資本主義」が今の韓国でどのように作動しているのかを明確に、そして簡潔に示している。

それでは韓国社会にはレベッカ・ソルニットの『災害ユートピア』で述べられている、市民社会の美徳は形成されないのだろうか。数万人におよぶボランティア、志願して捜索作業に参加した民間ダイバーなど、ソルニットが発見した市民の自発的な参加と分かちあいがなかったわけではない。これは市民の水準の問題ではない。現実を振り返ると行政と公務をさらに開放し、市民の参加を増やし、市民とともに行政を行っていく協治（ガバナンス）が構築されなければならないが、セウォル号に関する対策はこれとかけ離れているように見受けられる。開放と疎通、協治ではなく、作戦と罠、そして反撃といった軍事用語で分析せねばならない出来事が飛び交っている。レベッカ・ソルニットの表現を借りるなら「見つめる」ことだけが残っている。

小説『ペスト』のようにペストの勢力がある程度弱まり、解放まであと少し、そんな瞬間はやってくるだろうか？　そうは見えない。この局面を口実に自身の宿願をはたし、国全体を「監視と処罰」へ引き込もうという統治の論理だけが見える。ペストが去ったことを告げる宣言とともに都市の門が開かれる、あの春の日は遠い。

「しかし、自分一人が幸福になるということは、恥ずべきことかもしれないんです」。この言葉とともに、記者のランベールが市民によるボランティアである「保健隊」に残り、都市からひとり抜けだすことを拒否する結論に至る直前の瞬間、今の私たちはその時期にいるのかもしれない。

4　セウォル号メモリアル、忘れないために

それはおそらく、初めてこの島に残される愛の銅像になるだろう。目には見えないが、それでもこの島では初めて、われらの手で、われらが建てて、われらのものとなる、そんな銅像だ。誰もその首を絞めて引き倒そうなどとは思わない。この島がわれら癩者のものでありつづけるかぎり、永遠にこの地に建つ、ただひとつの愛の銅像……。

（李清俊《イチョンジュン》『あなたたちの天国』姜信子訳　みすず書房）

李清俊の小説『あなたたちの天国』は、生きているうちから自身の銅像を建てようとする人びと、まだ生きているにもかかわらず統治のために銅像を建てさせるしかなかった人びとの物語だ。この小説は一九七四年から翌年にかけて『新東亜』に連載され、一九七六年に出版された。『あなたたちの天国』は、ハンセン病患者のための国立小鹿《ソロク》島病院がある小鹿島で起きた院長と患者の葛藤をモチーフにしている。島をもっと良い場所にする色々な事業を成功させた院長らは自身の銅像を建てさせ、結局はその銅像の前で死ぬという悲劇を迎える。小説の主人公で小鹿島へ新たに赴任したチョ・ベクホン院長は島の干拓事業を成功させ、これを受けて人びとが自身の銅像を建てようとすると、島での勤務を延長せずに去ってゆく。

この小説は、ちょうどこの頃に維新（一九七二年一〇月、当時の韓国大統領・朴正煕が国会の解散、政党・政治集会の中止などを、韓国全土に戒厳令を発した一連の事態）が始まった韓国社会へのメタファーに見える。歴代の小鹿島病院の院長は自分の銅像を建てると、人びとによって殺害される。自身は銅像を建てないと、チョ院長は島の長老に念を押し続ける。そして彼らが自身の銅像を建てようとする直前、本当に島を去る。

私だけでなくこの小説を読んだ人なら誰しも、院長に関する記憶が鮮明に残っていることだろう。おそらく私たちが味わってきた民主化とは誰かの銅像になるまいとする者、誰かの銅像を建てようと努力しない者を見つける過程だったのかもしれない。だが銅像を建てることは、必ずしも権力や偶像化だけを意味するわけではない。私たちが銅像を建てるのは「記念」の意味合いが強い。忘れてはならないこと、感謝すべきことをたたえるためでもある。

だが個人的にはどんなに良い意味だとしても、ある種の記念館や聖地など、何かを残すことについては否定的だ。色々な記念日を設けることもそうだし、考えてみると他人の葬儀にもあまり行かない。何かを記憶するということを負担に感じる傾向があるようだ。記憶そのものが今あるべき幸せ、未来で作るべき幸せを先送りにさせるかもしれないからだ。

だがセウォル号の惨事に接し、日常として回っていたことの大部分がストップした。そしてこの本の執筆に専念しながら、初めて「メモリアル」について考えた。私はセウォル号以降にすべきもっとも重要なことは、韓国の船を安全にすることだと思った。そしてこの局面を口実に行われる、さらなる災難を招く恐れのある振る舞いの数々に立ち向かうことだと考えている。だがそれとあわせ、忘れられたらあまりに不憫なこの魂を記憶するための努力もするべきだろう。

二〇〇三年に大邱で起きた地下鉄放火事件は、その後の対策としてこれを追悼する公園の設立が約束されていた。だが公園内への納骨堂の設置に近隣住民が反対したという理由などから、この約束は今も守られていない。セウォル号の事件はそうならないと思うが、大邱の惨事も小さな事件ではなかった。安山市《アンサン》でもセウォル号の犠牲者を追悼する公園を設立しようという話が持ち上がっている。「メモリアル」の形についてはこう考える。いつかおそらく、セウォル号は引き揚げられるだろう。船が引き揚げられたら内部を復元して、生徒をはじめ乗客が最初に出発した仁川港の一角に「セウォル号メモリアル」として置けばいい。船室には乗っていた生徒の遺品や写真のようなものを展示できる、個別ながらも公的な展示の空間があるといい。そうすればセウォル号とともに沈んで行った一人ひとりに、意味のある空間を残すことができる。そして船内の食堂など他の空間を活用して、船と航海、そして安全を教育する空間を作ることも可能だ。

セウォル号を珍島港ではなく仁川港に置いてほしい理由は、出発した港だからだ。事故そのものの残酷さではなく、正常に管理され運行されていればうれしい旅行にもなったことを考えるためだ。そして船に乗って旅立つ者だけでなく、彼らを見送り、出迎える私たちの姿を考えるためにも仁川港にあるといい。

実際に、仁川の仁荷《インハ》大学がそういった存在だ。仁荷という名前は仁川の「仁」とハワイの頭文字「ハ」を合わせたものだ。日本の統治時代、ハワイのサトウキビ農場へ移住した韓国人労働者が船に乗って旅立った場所が、正にこの仁川港だった。その移住者たちが募金を集め、ハワイを活動の主な拠点としていた李承晩《イスンマン》大統領からの全面的な支援も加わり、一九五四年に仁荷大学が開校した。

セウォル号を引き揚げて追慕記念館を作ろうという論議は、急を要するものではない。だが後になって費用などを理由に引き揚げを放棄し、コンクリートを流し込んで海中のその位置に固定させ、珍島港の近くに記念館を作ることは避けるべきだ。少なくとも私たちが前に述べた程度はするべきではないのか。

時間の経過とともに多くは忘れられる。当然のことだ。私たちは多くを忘れてきた。個人的でない、社会的な出来事はさらに速く忘れられ、記憶するための装置を作ることも特にしなかった。陳腐な言葉かもしれないが韓国社会が発展をとげるその境界で、このセウォル号がひとつのきっかけになる強力なメモリアルであってほしいと願っている。それが犠牲となった生徒をはじめ乗客や彼らの親、家族に対して私たちができることであり、自らの未来のためにも必要なことだ。それが檀園高校の生徒イ・ボミさんが歌った「ガチョウの夢」を私たちが叶えることだ。十年の月日が流れ、それでも相変わらず不安を胸に「韓国は元々こういう国だから」などと言いながら生きて行くことはできないではないか。

エピローグ

「子どもを置いていくので、よろしく頼みます」

（一九三一年、小波・方定煥《バンジョンファン》の遺言）

方定煥（一八九九年十一月九日—一九三一年七月二十三日）近代朝鮮の小説家。雅号は日本の作家・巌谷小波にちなんで小波。日本の東洋大学哲学科で児童文学と児童心理学を学んだ。一九二三年に朝鮮で初となる児童文化団体セクトン会を立ち上げ、同じく朝鮮で初の児童向け雑誌『オリニ（子ども）』を創刊。子どものための社会活動に一生を捧げた。

1

韓国は世界で最も早く子どもの日を持つようになった国だ。子どもを国語辞典の意味そのまま説明すると「幼い子を格式を持って呼ぶ言葉」だ。私たちがこの言葉を使うようになった出発点は、三・一運動にまでさかのぼる。三・一運動以降、方定煥らが中心となってセクトン会が作られ、三・一の精神を継承する独立運動の一環として一九二三年から子どもの日を公布し、記念することにした。子どもを無視するなという精神は、日本から独立するために私たちがすべき努力の核心と見なされていたのだ。

私たちが考える建国の精神はいくつかあるだろうが、そのなかのひとつが子どもの日だと思う。日本によって一九三三年から禁止された子どもの日の行事は、解放されたその瞬間から今日まで、私たちが必ず守らなければならない行事のひとつに位置づけられた。年齢が若いからと無視したり、ガキ扱いしたりしてはいけないというのが子どもの日の意味なのだ。

解放後の政局が左翼と右翼に分かれて戦ったときも、そしてこの数十年間、進歩と保守が争ったときも、子どもの日の精神だけは一度も疑われたことがなかった。それは日本から独立するために朝鮮民族が満たしているべき徳目であったし、新たに作られた国が発展するために守るべき価値でもあった。韓国社会でこれほど同意を得ている建国の精神が他にあるだろうか。子どもの日を国民の祝日に制定したのは一九七五年、子どもの日という言葉を使おうと主唱した方定煥が建国勲章を受章したのは一九八〇年八月十四日だ。その年の八・十五光復節の行事は、光州民主化運動を武力で鎮圧した虐殺の上で行われたはずだ。方定煥の宗教的な背景が何であれ、彼の理念がどんな性向のものであれ、彼が作り、使った子どもという用語は「幼い子」の尊称であることに、軍事政権も皆が同意していたはずだ。勲章を与えたということは同意などというレベルではなく、積極的に活用し、擁護していたと言える。

もし、三・一運動、解放、建国から朴正煕の維新体制と全斗煥の新軍部まで、誰一人として疑うことなく続いたこの素晴らしい用語「子ども」がなかったら、今の子どもは子どもとは呼ばれていなかっただろう。生まれたばかりの幼子から大学生、さらには独身の三十台前半に至るまで、すべて「子」と呼ばれていただろう。実際に今の大人はそう呼ぶではないか。「子たち」と。

だが私たちは子どもという名称と共に国を作ったし、この子どもの精神は私たち全てが合意できる唯一の価値なのかもしれない。私たちが持つ多くの社会的価値のなかで、建国の精神と呼べそうなものはいくつあるだろうか？　そしてそのなかで、軍事政権や民主化勢力、またはその後に登場した他の立場まで、すべてが同意できるものははたしていくつあるだろうか？　子どもを尊重し、彼らは私たちの未来だという、この「子ども」という用語ほど普遍的で合意された価値はない。だから私たちは、小学校に通う生徒たちを小学生ではなく子どもと呼ぶのだ。

2

赤ん坊が育って子どもになる。だが、その子どもがさらに成長すると青少年になり、青年になって結婚する時期になると「家の子」になる。結婚を控え両家の親が顔合わせする席で、もうすぐ新しい親になる若い男女は十中八九「子」と呼ばれる。ここで子ども、青少年、若しくは子と呼んだからどうだというのだ。呼びやすい呼称で十分ではないか、とも考えることもできる。

だが一つだけ確実なことは、大韓民国という国を建設しながら私たちは、とても幼い子も「子ども」と格式を持って呼ばねばならないとしてきたが、それから八十年が過ぎた今、外国なら青少年、ティーンエージャー（teenager）、ジュヴェニル（juvénile）、ヤングマン（young man）など、様々な名前で呼ばれる高校二年の生徒を「子たち」と呼び、それに対して誰も違和感を覚えなかったという点だ。日本の統治時代はどうだったのか。YMCA（キリスト教青年会、Young Men's Christian Association）が韓国に設立されたのは一九〇三年だ。YMCAは日本統治のあいだずっと、独立国家の普遍的な論理を提供する場所でもあった。つまり、ヤングマンは一時、国が独立できるという希望を持つことのできる、社会で唯一の主体でもあったのだ。

だが二〇一四年、大韓民国の高校生は「子」と呼ばれている。セウォル号のなかから流れてきた船内放送「待て」というその言葉の前に、望むと望まざるにかかわらず、私たちは自らが判断する主体になるしかない。待つ方が生存率を高めるのか、個別に動く方が生存率を高めるのか。いずれにせよ私たちは判断せねばならない。だが「子」と私たちの青少年を呼ぶとき、その言葉のなかには「お前は判断するな」というメッセージが最初から含まれているのではないか。

近代哲学の出発点となったデカルトの命題（Cogito）「我思う、ゆえに我あり」。当たり前のことを自ら懐疑する、それが正に近代の出発点だった。すべてを懐疑し、その上で自身の判断を下すことが近代の出発点だったという点を考えると「待て」は、各自が下手に判断してはならないという機能的な言葉でしかない。

歴史的に「船に乗った子たち」は未来の象徴だった。十八〜十九世紀のイギリスでは十二歳から十五歳の少年を軍艦に乗せた。世界の海軍が尊敬するイギリスのネルソン提督が、海軍で船に乗った年齢が十二歳だった。その時代はほとんどが少年の頃に研修生として船に乗り、生き残った者が二十代半ばに自身の艦船を指揮する船長になった。ネルソン提督がイギリス海軍の将校としてアメリカの独立を防ぐため戦いに出たのは、二十二歳のときだった。そういう若者が帝国主義の力を作った。もちろんこれは歴史の話、過去の話にすぎない。

だが、わずか百年前なら船の上で自身の判断によって指揮をとっていた年齢の生徒を、韓国では「子」と呼んでいるのだ。青少年が「未来のヤングマン」ではなく「じっとしていなきゃいけない子たち」になったのは、セウォル号に乗っていた生徒たちの友人が言っていたように「彼らの過ち」ではない。「私の子」と呼べるのは生徒の親だけだ。その親たちがもっとも願っていることは何か。「私の子」として「私の懐だけで」生きることではない。私がいなくても適当な時期がきたら独立し、自身の生存には自ら責任をとり、独立した個体として成熟すること。それがすべての親の究極の願いだ。

だがこの社会は彼らを「子」と呼び続け、私たちすべての「子」として扱ってきた。だからセウォル号の事故を経験した今、高校生を「子」と呼ぶのは社会全体がやめるべきだと思う。子どもが再び「子」になる、そんなおかしなことが起きなければと思う。私たちすべてのために、彼らを受け身の存在にしてはならない。

3

セウォル号の惨事は典型的な「降りられない船」の構造を持っている。この事件を受けて、韓国の船はさらに危険になるだろうし、政府などはさらに「これはわれわれの過ちではない」という責任逃れの構造を持とうとするだろう。だからこの時代を生きる個人にできることは常に気を付ける、「待て」という命令が下されたときにその言葉を聞くか聞かないか自ら判断できる、とてつもない量の常識と知識を持ったりすることしかない。

私たちは代議制民主主義でかなりの権限を大統領をはじめとする選出職と、彼らを任命する人びとに委任してきた。だが危機管理の役割まで委任したのではないことを明確に示したのがセウォル号の惨事だ。私たちは彼らに権限を与えたが、その権限は私たちを守ってくれないだろう。私たちが乗り、進む、大韓民国というこの船が「降りなくてもいい船」になる可能性は当分ないように見える。この船を安全で居心地のいい船にするのが原則だが、今後もこの船は長いこと「早く降りなければならない船」のままだろう。

それでは残った選択肢は何か？　船に乗らないか死ぬ前に降りるの二つに一つだ。この社会で親がわが子に教えるべき真の知識とは、英語や数学のような入試のためのものではない。この社会で自分を幽霊にする船には絶対乗らない知恵、たとえその船に乗ったとしても、死ぬ前に降りることのできる判断力ではないかと思う。

そういった知恵と判断を持った主体を作り上げること、その未来の主体を尊重しようというのが、方定煥が「子ども」と呼ばなければならないと、あえて叫び続けた理由だ。だがその精神を私たちは忘れている。いや、捨てている。少なくとも建国以来、万人が合意し、今日の私たちを作ったその精神を。

子どもの段階を過ぎた者を再び「子たち」にする世の中、つまりセウォル号の一件で私たちがぶつかった問題はこれまでの思考するな、判断するなという命令に慣れさせ、そして停止してしまった韓国社会の理性だ。そして憎たらしくうんざりするほどに一つ一つを疑って、また疑う、絶えることのない懐疑だけが本質だとしたデカルト以降の理性論の正反対に立つ特殊な存在を作り出した。それこそ韓国社会が「子」になったのだ。

「セウォル号の子たち」という表現に不満があるのは、こうした理由からだ。この単語ほど「理性の確立」を嘲弄する単語が他にあるかと思う。本音はどうであれ、表向きは自身の判断を徹底して隠し、常に「大学修学能力試験（大学共通の入学試験）を準備しなきゃいけないから」という確実な逃げ場が用意されている、そしていつも優先的に保護されなければならない存在、それが「セウォル号の子たち」という言葉が持つ意味ではないのか？ さらに悲しいことは、この社会のエリートたちは彼らを保護する能力がないだけでなく、保護する気もないということだ。

「貧乏な家の子たちの修学旅行は、慶州の仏国寺に行けばいい話だろう。船に乗って済州島へ行く途中に、なぜこんな事故が起きたのか分かりません」

ある教会の牧師が内輪の集まりで言った言葉だ。おそらくこれが、ほとんどの韓国のエリートの本音なのだと思う。私がこの言葉でもっとも注目した点は、仏国寺対済州島、船対飛行機という対比ではない。「貧乏な家の子たち」という対象化された表現だった。だが本書で述べたように、生徒たちは済州島に「行った」のではない。各地の教育庁や当局によって「送られた」のだ。自分たちが守るべき生徒を「子たち」と呼びながら、実像は生徒たちの親の金を狙う産業と政策を作り、船を運用した者たちがそうしたのだ。そして今回のようなことが起こるとは誰も判断していなかった。だから生徒たちに投げられた「じっとしているように」という言葉は、セウォル号の船内で聞かれる前からすでに伝えられていたことだったのだ。

4

セウォル号は私たちに、いくつかの問いを投げかけた。この問いの前に反省し省察することが、人間のもつ自然な心だ。だが現実はどうだったか。与党がとった行為は「慌て」て、「パニック」になり、「隠ぺい」することだった。そして時が流れ「どうせこうなってしまったのだから、自分がやりたいことをこの機会にやろう」という事態になっている。だからセウォル号以降の世の中は、さらに悪化する可能性が高い。一九九三年の西海フェリー沈没事故のときよりも、さらに悪い方向へ流れて行くだろう。なぜだろうか。

一九九三年と二〇一四年を機械的に比べてみると、まず大統領が違う。金泳三大統領と朴槿恵大統領、一人は何はともあれ未来へ進みたがった人物で、もう一人は過去に行こうとする人物だ。野党の質も違う。当時の野党には金大中がいたが、今の野党に彼のような政治力はない。一九九三年は民衆運動が強力に形成されており、大学生もまだ社会に声を上げていた。今はどうだろうか。市民団体の数は増えたが、社会的な影響力は非常に弱まっている。青年たちは就職の準備に追われるようになった。

有識者はどうだろうか。当時は学者という単語をまだ使ってはいたが、今は学者が消え、「専門家」に変わった。政府が与えるプロジェクトを遂行させながら、専門家を手なずける過程は終わった。ゆえに、社会的な発言をする研究者が極端に減った。青少年はどうだろうか。当時も入試は大変だったが、こっそり塾に通う程度だったとしたら、今の韓国の青少年は膨大な私教育で多忙な毎日だ。

二十年前と比べると、色々な面で今のほうが状況は良くない。それでは経済はどうか。西海フェリー沈没事故を克服しながら、韓国の経済は良くなったのではなく悪化の一途をたどり、結局はアジア通貨危機で国家が不渡りを出す直前までいった。では現在は？　あのときより環境はさらに悪いため、前回よりも早く国家不渡りレベルの危機が発生する可能性が高い。しかもセウォル号の惨事を口実に、李明博政権のときもやらなかったＬＴＶ（Loan to Value 融資比率、小さいほど安全性が高い）緩和を実施したではないか。

そして今後も反省をしないだろう。セウォル号を口実に国家の最高権力者が国の安全システムに対して行政的に責任をとらない形へ転換させようとするだろうし、事件は結局忘れられ、死者も生者も絶えることのない侮辱に耐えることになるだろう。そして周期的、かつ突発的に再び全国に慟哭が湧き上がるだろう。私たちはセウォル号から降りるつもりも、助ける理由もないと考えているエリートたちが率いて行く国に住んでいる。いつか私たちがセウォル号から本当に降りる日、その日が、韓国が先進国になる日だろう。

変化のために個人ができることは、実際それほどない。政策を変えるのは公務員と国会議員だ。だがセウォル号の惨事の前では、与党も野党も大差なかった。だが親として、ひとつ言うことがある。私は今後「セウォル号の子たち」という表現は使わないつもりだ。そして私の子も、彼らが子どもの時代を過ぎたら「子」とは呼ばないだろう。自分のところだけでなく、年頃の娘さんや息子さんにも「子」という表現は使わないだろう。

馴染みのある「子」という表現を使わないと学生、青少年、十代、少年、少女、青春、そうした様々な言葉を状況に応じて選ばなければならないという手間が生じる。だがそれを面倒くさいといって私たちの十代を「子」と呼び、彼らが持っている自律した選択権と主体としての尊厳を無視し、結局は彼らの選択の権利を奪うことはしないようにしようと思う。そしてセウォル号に乗っていた高校二年の生徒たちが自分たちの代表を選択できるよう、彼らの選挙権のためにできることを精一杯やってみようと思う。今すぐ大統領を選択できる権利を持つことがむずかしいなら、教育監の選挙権でも与えられるように努力しようと思う。変えると約束はできない。だが努力するという約束はできる。

自国の青少年を「子たち」などと呼ぶ先進国はない。それは帝国主義が自分の植民地の民に用いる統治術だ。私たちが青少年を「子たち」と呼ばない日、その日こそ、私たちが本当にセウォル号から降りる日だ。その日が私たちの政府が総督府時代の統治術を下ろし、統治の対象としての国民ではなく普遍的な尊厳を持った権力の基礎、市民として私たちと相対する日だ。

5

ヨーロッパのほとんどの国家で高校二年生といえば、初めての職場に初出勤する年齢だ。彼らは中等教育、つまり高校を終えると公式な教育を終了した完璧な成人になる。インターン教育という名前で、自身が働くことになる分野に初出勤を経験する大体の年齢が高校二年生だ。高卒の国民が約七十パーセントを占める国の国民所得は、韓国のそれより二〜三倍高い。

中等教育の目標は、独自に判断する人格を持った成人を作ることだ。大学に行くのはその次の問題だ。私たちの教育は失敗した。国家も親も失敗した。危険な状況で自身を守り、判断することのできる人格体として、自己の尊厳を作ってやることにも失敗した。セウォル号の惨事は沿岸旅客に関する政策の失敗と、中等教育の失敗、この二つが結びついたものだ。私たち全員が失敗した。だからもう彼らを「子たち」ではなく、独自の人格体として扱わなければならない。セウォル号から私たち全員が降りること、私たちが実現できることは、これだけかもしれない。そしてこれは、私たちにもできることだ。

この本に接する中高生にも、ひとつだけ頼みたい。今後は誰かが自分のことを「子」と呼んだら抗議してほしい。それはあなたたちを無視し、侮辱するだけでなく、暗黙のうちにあなたたちが持っている判断の主体性を無視することだ。その言葉を聞いて、じっとしていてはいけない。私たちの社会に必要なのは個別に判断する主体であって「いい子」ではない。私たちの未来に必要なものは個人の固有の性格、つまり個性であって、判断しない受け身の「いい子」ではない。

今の韓国で生徒に対する大人の接し方は、帝国主義による植民地の統治術と完全に同じだ。たとえるなら、絶対に柳寛順《ユグアンスン》烈士（三・一運動当時、一七歳でデモを主導した梨花学堂の学生）にならない子、このシステムはそれを要求している。三・一運動の結果、子どもという単語を使おうと決議されたのは正にこうしたつながりからだ。もちろん全員が李舜臣《イスンシン》（豊臣秀吉による朝鮮侵攻で日本水軍と戦い朝鮮水軍を勝利に導いた名将）や柳寛順にはなれないし、そんな必要もない。だがどんな判断であれ、とにかく自ら判断して決定を下す主体になることはできる。

生き残った私たちが遺体となって帰ってきた生徒たちに捧げるべきものは、悲しみと涙ではない。彼らに安全な船とまともな中等教育を捧げねばならない。この地に生きるために。私はそう考える。まだ私たちは誰も、この船から降りられない。それでもいつか降りるために、今すぐやるべきことがある。「セウォル号の子たち」という表現を捨てること、それがこの船から降りるための出発点になることを願う。

6

本書を閉じるにあたり、最後に朴元淳《パクウォンスン》ソウル市長と、南景弼《ナムギョンピル》京畿道知事にお願い申し上げたい。仁川空港が首都圏をはじめとする全国の人びとが利用する空港であるように、仁川港も首都圏の人びとが主に利用する施設だ。セウォル号が運行していた仁川—済州路線に、現在通っている船はない。旅客船の公営化の論議をスタートさせられる位置にいる人間は、あなたたち二人だ。「安全な船」は現政権ではなく、この二つの大規模な自治体ではじめることができることだ。二人が会って論議を始めれば、韓国の経済力でこの程度の問題は解決できる。ソウル市が投資して安全な船を運行することに、反対する市民はいないだろう。京畿道民も同様だと思う。

お願い申し上げる。

著者あとがき　日本の読者のみなさまへ

1

韓国政府で働いていたころ、映画『踊る大捜査線』を見て深い共感を覚えたことがあった。刑事の青島が偶然にほんの一瞬、犯人を目撃したという理由から膨大な犯罪者のデータベースを見せられ、犯人を捜し出すシーンだった。

徹夜で顔だけをひたすら見続けてへとへとになった青島に、再び特殊監察部の刑事たちが深刻な表情で新たな犯罪者のデータベースを渡す。特別な理由もないのに深刻な表情で夜を明かすその姿に、当時、大統領の簡単な指示一言に合わせた報告書を作成するため、連日徹夜をしていた私と同僚の姿を見るようだった。

警視庁と現場の間に存在する構造的な問題を見ながら、韓国の公務員が働く姿と百％シンクロするという印象が拭えなかった。

だが、映画『踊る大捜査線』に近い犯罪捜査を、セウォル号の一件で現実に目撃することになった。事実上セウォル号の船主だった兪炳彦《ユビョンオン》氏一家に対する捜査は、韓国政府がセウォル号の一件を収拾する対策としてもっとも力を注いでいたものだった。

船主に対する拘束令状が沿岸旅客の管理の安全性と、一体どんな関係があるのか理解できなかったが、せいぜい横領と背任程度の経済事犯に対し、大統領の指示で軍隊が動員された。この事件は警察の検問所からいくらも離れていない場所で発見された浮浪者の遺体が、実は兪炳彦だったというとんでもない発表とともに結末を迎えた。健全な常識の持ち主だと考えられる人びとに、これを信じろというのだろうか？

2

日本では軽い停電事故をのぞけば何の問題もなく運行していた船が、韓国で数百人の魂を乗せたまま沈むことになったこの事件は、衝撃以外の何物でもなかった。だがその事件を社会的に処理する過程はさらに衝撃的だった。その渦中で起きた産経新聞ソウル支局長の起訴は、正直、恥ずかしくて韓国の事情を誰かに話すことが困難なほどの出来事だった。これと関係して、実に粋な条項だと言われているアメリカ合衆国憲法の修正第一条をしばしご紹介したい。

「合衆国議会は、国教を制定する法律、自由な宗教活動を禁止する法律、言論・出版の自由を阻害する法律、人民が平穏に集会する権利や不満の解消を求めて政府に請願する権利を制限する法律を制定してはならない」。

アメリカの代表的なポルノ雑誌『ハスラー』の創刊者が実際に経験した事件を扱っている映画『ラリー・フリント』は、二十年を要した風刺広告への名誉棄損罪に対する法廷闘争がテーマだ。最高裁判所は修正第一条の精神に基づき、勝者としてラリー・フリントの腕を上げてやる。「表現の自由」がどれほど尊いものなのか考えざるを得なかった。

韓国では産経新聞は日本の右派系を代表する新聞だと知られている。だからといって取材過程にまで問題があると見るのは無理があるというのが、普段からの私の見解だ。個人的な経験だが、日本のマスコミと初めて行ったインタビューの相手が、まさに産経だった。二〇〇七年十二月、当時のソウル特派員だった久保田るり子氏によるインタビューは大統領選挙を控えて行われた。李明博候補の圧勝について説明したその記事が世界中に引用され、韓国の二十代の経済状況も同時に知られるようになった。

その前後にも、著書『韓国ワーキングプア 八十八万ウォン世代』のために数えきれないほどのインタビューを受けた。だが今でも覚えているのは、産経の久保田氏は私が会った記者の中で、もっとも細かく私の著書を読んだ人の一人だったという点だ。私と立場や視角が同じということはあり得ないが、報道に携わる者としての基本がなっていないマスコミだとは思わない。

マスコミが質問して表現する自由、産経新聞ソウル支局長が告発され調査を受けている過程を見ながら、私たちの社会が今、自由な表現と討論といったものからどれほど遠くに来ているのか痛感せざるを得なくなった。産経新聞ソウル支局長に対する告発、これは普段の私たちの姿を照らす鏡のような事件だ。私たちはどれほど歪曲された枠組みのなかで誤った姿だけを見ているのだろうか。

3

私はソウルの中心部、鍾路《チョンノ》区に住んでいる。正宮の正門である光化門の前に広がる大きな十字路のまんなかに造成された広場で断食をしていた男性を、私たちは「ユミンのパパ」と呼んだ。セウォル号から出て来られなかった娘が、なぜ無念の死を遂げなければならなかったのか真相を明らかにしてほしいと、彼は四十七日間の断食を続けた。その場所から大統領府を過ぎ、もう十分ほど行くと私の家だ。家を出る度に一度、帰るたびに一度、一回でいいから会ってほしいと大統領府に請願を出し続けている「ユミンのパパ」が断食をしている場所と、何も答えない大統領府の前を通り過ぎることになる。

学者として私が言えることは、この事故がどうなったのか、どのような構造の問題を抱えているのか、分析して世に知らしめることだと考えた。「パニック」、私たちの理性はセウォル号の事件以降、悲しみのために停止していて正面から向きあうことに耐えるのはむずかしかった。私たちの理性は今も立ちどまったままだ。

この本を書いていたある晩、しばらく庭で星を見ながら休んでいた。今回の事故で戻れなかった歌手になりたかった女子高生が録音した韓国の歌「ガチョウの夢」という歌を聞きながら、涙がぽろぽろとこぼれた。本を書く作業をしながらわんわんとよく泣いた。庭でひとしきり泣いた後、二度と泣くまいと決心した。学者として私が本当にすべきことは、データを見ながら計算をして問題を解いていく手掛かりを作りだすことで、悲しんだり泣いたりすることではないと考えた。もちろん、その後もたびたび泣いた。だができるなら冷静な心を保ち続けようと思った。

何の問題もなく鹿児島と沖縄を行き来していた船が、なぜ韓国ではこのような悲劇の幽霊船になったのか？　これは行政の問題であり、管理の問題であり、経済の問題だ。この問題を解かなければ、セウォル号と似たような事件は百％再発するにちがいないというのが私の診断だ。セウォル号以降、船に乗る人の数はさらに減少するしかないだろうし、経済性がさらに低下した沿岸旅客の安全性はさらに悪化するだろう。

このための制度の改善は相変わらず何もなされておらず、このための論議も何一つ展開されていない。事件後、韓国社会と政治はさらなる悪化の一途をたどっており、珍島の沖合で沈没したセウォル号、今や韓国全体が巨大なセウォル号のようになった。外国に移住するか悩む人びとが急増しているが、経済状況が芳しくないため移住も簡単ではない。私たちはどうにかしてこの船を修繕し、ここで生きて行くしかない。その手掛かりをどこから解いていくか？

4

地域経済のモデルとして、ここ数年広島を注視している。あの凄惨な事件があった土地の上に作り上げられた都市を見ていると、どこか寂しい気持ちになりながらも希望というものをかすかに感じることができる。広島城の前に立っているユーカリの樹には「被ばく樹木」と記されていた。世界中を回っても、これほど短いあいだに強く希望を感じたことはなかった。

私は変わらず希望について考える。もし、そんなものは韓国にないと考えたのならいち早くパソコンの電源を切って、筆を折り、フランスやスイスの物静かな都市で静かに生きて行くほうを選んでいただろう。だが私は今も変わらず希望に期待しているから、分析をして、整理をして、本を書いている。希望を信じているのか、理性を信じているのか、それとも科学を信じているのか、それは私にもよく分からない。だが今は希望的だという考えになるまで、私は今の退屈で特にやりたいとも思わない執筆作業を続けるつもりだ。

来年に向けて二冊の本を準備している。農業経済学の本には九州の地酒に関する政策と、神戸の生協が重要な内容として盛りこまれている。もう一冊は原子力発電所に関する政策の本を準備しているが、福島と韓国の原子力発電所に対する政策を正面から扱おうと思っている。日本が優れている部分も、そうでない部分もある。学者として客観的に状況を見ようと思っている。だが、これまで行ってきた韓国と日本を分析する作業のなかでも、セウォル号の分析作業はもっとも悲しく、恐怖をともなう作業だった。

何の問題もなかった日本の遊覧船が韓国に来て突如、幽霊船になった過程、こうした不幸が二度とくり返されないことを願う。最低限の船の運航と管理について、私たちは日本から学ぶべき点が多いように思う。私が日本で安心して船に乗るように、韓国に来た日本人も安心して船に乗れるようになる日が来ることを願っている。

（二〇一四年九月十六日）

訳者あとがき

本書の校正作業に追われていたある晩、某番組でセウォル号沈没事故の特集が始まると連絡をもらった。本当に紙一重だった生還と死、船内に閉じこめられて助けを求めている人が見えているのに、無情にも踵を返した海洋警察の実際の映像などに涙が止まらなかった。韓国の体育の授業には水泳の時間がない。そもそも学校にプールがない。だから彼らのほとんどが泳げなかったはずだ。どれほど恐ろしかっただろう。

あの事故からもうすぐ六カ月。その後の展開は、本書で著者が予想した通りの様相を見せている。番組で取材していたセウォル号から生還した高校生が言うように、韓国では誰も聞いてくれないし誰も取材してくれない。何か大きな力が働いているようだ。「これまで書いた本のなかでもっとも売れなかった『降りられない船』が、日本で出版されることになった」と著者も冗談交じりに語っていた。ならば、こちらから発信すればいい。韓国ではセウォル号についてどのマスコミも口をつぐむなら、日本から話しはじめてもいいではないか。少なくとも死の前では誰もが平等で公平であるべきなのに、それすら軽んじられた命のためにも、本書をぜひ日本で紹介するべきだと原書を初めて読んだときに強く思った。

もちろん、著者と意見を異にする部分もある。だが『韓国ワーキングプア 八十八万ウォン世代』（二〇〇九、邦訳、明石書店）からも分かるように、著者がくり出す辛口の自国批評は決して単純な自虐論などではない。経済というもっとも理論的な立場から導きだした現実であり、たとえ残酷だとしてもそれが答えなのだ。本書でも韓国の行政に対する厳しい指摘が続いたが、八十八万ウォン世代という流行語を生みだして絶大な支持を得た著者の見解は、韓国でも耳を傾けるべき内容だと好意的に受け止められている。

改めて、事故の犠牲になった方々のご冥福をお祈りします。

二〇一四年九月二十九日　古川綾子

（なお、日本の読者のためにセウォル号沈没前後のおもな流れを巻末に年表形式でまとめておいた。）

セウォル号の惨事関連年表

（本書の理解を助けるため、惨事に関連する事項を時間軸にそって整理した。訳者）

一九九四年6月　フェリーなみのうえ号竣工（日本）

二〇一三年3月　改造され、韓国・清海鎮海運セウォル号として航行

二〇一四年4月15日午後9時頃　仁川港から済州島向け定刻午後6時半から濃霧のため約2時間遅れて出港

4月16日8時49分37秒—56秒　セウォル号、右（南西方向）に45度旋回して傾きはじめる

4月16日8時52分頃　乗客の少年が携帯電話を使って消防に通報（最初の通報）

4月16日未明　船体が船首底部を除き沈没

4月16日11時過ぎ　京畿道教育庁が船に乗っていた高校生の保護者たちに「壇園高校の生徒を全員救助」というメールを一斉に送付するも、同日午後になり救助された人数に誤りがあったことが判明、直後に安全行政部と海上警察が行方不明者の数を修正して発表

4月18日午後　海面より姿を見せていた船首底部が自重により完全に水没

4月18日　セヌリ党議員の鄭夢準《チョンモンジュン》の次男が、行方不明者の家族などが、朴槿恵に罵声を浴びせるなどの怒りを示したことについて、フェイスブックに「似たような事件が起こっても理性的に対応する他国とちがい、わが国は国民情緒がとても未開（野蛮）だ。国民が未開だから国家も未開なのではないか」と書きこんだ。鄭夢準は謝罪に追いこまれた

4月20日　珍島海上交通管制センターとの交信記録が公開される。死者58名

4月21日未明　死者64名。清海鎮海運の関係者44名に対し出国禁止命令を出し、救助された乗組員15名全員に事情聴取が開始される

4月22日　死者が100名を上回る

4月23日　当初、修学旅行の高校生の多くが集まっていたと考えられていた3階食堂への進入に成功するも、生存者確認できず。死者150名

4月26日　乗組員15名全員が逮捕される

4月27日　首相の鄭烘原《チョンホンウォン》は、セウォル号沈没で、政府の初期対応が遅れたことに対して責任を取るとして辞意を表明した。朴槿恵は、事故収拾の後に辞任を認める方針を示した。しかし、のちに鄭の代わりに首相に指名された安大熙《アンデヒ》は不透明な弁護士収入を批判されて指名を辞退、文昌克《ムンチャングク》は過去の発言が親日的であると批判されて指名を辞退した。3人目の首相選びは難航し、結局、朴槿恵は6月26日、鄭烘原を首相に留任することを発表

した。

4月29日　死者が200名を上回る

4月29日　朴槿恵は閣議で、「事故を予防できず、初動対応や収拾が不十分だった。多くの尊い命を失い、国民の皆さんに申し訳なく、心が重い」と謝罪した。ただ、この謝罪は非公開で行われたため、遺族のなかからは「非公開の謝罪は謝罪ではない」という批判があった

5月7日　海洋警察は、生存者の数を4月18日に発表した174人から172人に訂正した

5月8日　清海鎮海運の代表者であるキム・ハンシクを拘束。死者269名

5月15日　船長ら4人を殺人罪で起訴

5月16日　朴大統領は、犠牲者家族による対策委員会の代表17人と青瓦台で面会し、言いつくせないほどの心の苦しみがあると考える。心よりお見舞いを申し上げる。政府の至らない部分について、もう一度謝罪する、などと直接に謝罪を述べたとされる

5月19日　朴大統領は、国民に向けた談話を発表。救助活動は事実上失敗したとして、海洋警察の解体を明らかにした。海洋警察が管轄していた捜査と情報機能は警察庁に移され、海洋救助、救難、海洋警備分野は新設する国家安全庁へと移譲される

6月4日　韓国統一地方選挙。与党セヌリ党は逆風のなかで17自治体首長のうち8ポストを獲得（改選前から1減に留まる）

6月5日　沈没現場から約40キロ離れた海上で男性1人の遺体を発見。指紋照合により船外へ流出した遺体であることが判明。死者289名

6月5日　韓国放送公社（KBS）の理事会は、社長・吉桓永《キルファンヨン》の解任を可決したとされる。吉桓永は、大統領府・青瓦台の働きかけで、セウォル号沈没事故での政府批判を自制する指示や番組介入をしたとされ、これに反発するKBS新労組と第1労組がストを決行していた

6月8日　救助チームが、海中のセウォル号船内から遺体を発見した。高校の生徒を避難させようとしていた教師と見られる。死者は291名となった

6月24日　救助チームが、海中のセウォル号船内から、高校の女子生徒と見られる遺体を発見した。死者は293名となり、同国における292名の犠牲者を出した海難事故である「西海フェリー沈没事故」を上回った

7月8日　事故当日、朴大統領の動向が7時間にわたって不明であることが報道される

7月14日　セウォル号遺族、捜査権、起訴権があるセウォル号特別法制定を求めてハンスト開始

7月22日　セウォル号の運航会社会長で、脱税や横領の容疑がかかっていた兪炳彦の遺体が発見された。遺体は6月12日に発見されていたが、韓国警察はその遺体が兪だとは分からないまま、捜索を続けていた

7月25日　兪炳彦の長男の兪大均《ユデキュン》容疑者と、その逃亡を助けていた女性、警察に検挙された

7月25日　国家情報院がセウォル号の購入と増改築に深く介入していた情況が含まれる文書が発見される

7月30日　国会議員再・補欠選挙で15議席中、与党11議席を獲得。野党は4議席に留まり、与党が勝利

8月28日　セウォル号遺族ハンスト終了。遺族は特別法による真相究明を強くのぞむが、与野党の協議が未だ不成立（9月19日現在）

著者　ウ・ソックン（禹晳熏）
1968 年ソウル生まれ。
1990 年延世大学経済学科卒業
1996 年フランスパリ第 10 大学生態経済学 博士
現代環境研究員、金融経済研究所研究委員を経て国際連合枠組条約の政策分科議長、技術移転分科理事を最後に公職から退いた。現在は韓国生態経済研究会の会員であり、「緑色評論」編集諮問委員、市民運動グループ「我らが夢見る国」の共同代表を務めている。著書として『病んだ子どもたちの世代』(2005)、『食べ物、国富論』(2005)、『88 万ウォン世代』(明石書店から『韓国ワーキングプア　88 万ウォン世代―絶望の時代に向けた希望の経済学』として翻訳出版された)、『直線たちの韓国』(2008)、『生態ペダゴジー』(2009)、『文化で生きる』(2011)、『一人分の人生』(2012)、小説『Mofia 財政部のマフィア』(2012)『アナログな愛し方』(2013)、『不況 10 年』(2014) などがある。

訳者　古川綾子（ふるかわあやこ）
千葉県千葉市生まれ
神田外語大学韓国語学科卒業
延世大学校教育大学院韓国語教育科修了
第 10 回韓国文学翻訳院 翻訳新人賞受賞

降りられない船
セウォル号沈没事故からみた韓国

2014 年 10 月 16 日　初版第 1 刷発行

著者　ウ・ソックン（禹晳熏）
訳者　古川綾子
編集　黒田貴史
校正　伊藤明恵
ブックデザイン　桂川潤
ＤＴＰ　廣田稔明
マーケティング　鈴木文
印刷・製本　大日本印刷株式会社　（担当：田口康昭）

発行人　永田金司　金承福
発行所　株式会社クオン
〒 104-0052
東京都中央区月島 2-5-9
電話　03-3532-3896
FAX　03-5548-6026
URL　www.cuon.jp/

ISBN 978-4-904855-26-3　C0036
万一、落丁乱丁のある場合はお取替えいたします。小社までご連絡ください。